W0262369

Sitzungsberichte der Heidelberger Akademie der Wissenschaften

Mathematisch-naturwissenschaftliche Klasse

Die Jahrgänge bis 1921 einschließlich erschienen im Verlag von Carl Winter, Universitäts-buchhandlung in Heidelberg, die Jahrgänge 1922—1933 im Verlag Walter de Gruyter & Co. in Berlin, die Jahrgänge 1934—1944 bei der Weiß'schen Universitätsbuchhandlung in Heidelberg. 1945, 1946 und 1947 sind keine Sitzungsberichte erschienen.

Ab Jahrgang 1948 erscheinen die „Sitzungsberichte" im Springer-Verlag

Sitzungsberichte
der Heidelberger Akademie der Wissenschaften
Mathematisch-naturwissenschaftliche Klasse

Jahrgang 1966, 3. Abhandlung

Differentiale höherer Ordnung und Körpererweiterungen bei Primzahlcharakteristik

von

Robert Berger
I. Mathematisches Institut der Freien Universität Berlin

mit 16 Diagrammen

(vorgelegt in der Sitzung am 29. Januar 1966)

Heidelberg 1966
Springer-Verlag

ISBN-13: 978-3-540-03663-0   e-ISBN-13: 978-3-642-99905-5
DOI: 10.1007/978-3-642-99905-5
© by Springer-Verlag / Berlin · Heidelberg · New York 1966

Titel-Nr. 6720

Differentiale höherer Ordnung
und Körpererweiterungen bei Primzahlcharakteristik

Von

Robert Berger

I. Mathematisches Institut der Freien Universität Berlin

Mit 16 Diagrammen

Inhaltsübersicht

Einleitung

Die Idee von KÄHLER [10], bei der Betrachtung von Derivationen eines Ringes R anstelle des Moduls aller Derivationen von R in sich die universelle Derivation von R in einen R-Modul zu betrachten, hat sich in vielen Bereichen der kommutativen Algebra und algebraischen Geometrie als fruchtbar erwiesen. Obwohl bei der Untersuchung endlicher Körpererweiterungen dabei nichts neues hinzukommt, weil der Kählersche Differentialmodul hier einfach der Dual des Moduls der Derivationen ist, werden die Formulierungen in der Sprache der Differentialmoduln auch in diesem Falle meist bedeutend glatter.

Nun liegt es nahe, nach dem Vorbild von Kähler auch bei der Bildung höherer Ableitungen durch Derivationen in einen im allgemeinen von R verschiedenen Bereich A ein Gegenstück des Differentialmoduls zu konstruieren, um so eine Übersicht über sämtliche möglichen Derivationen von R zu erhalten. Da man bei der Summenregel Ableitungen addieren und bei der Produktregel auch miteinander multiplizieren muß, wird man für A einen Ring nehmen. Man kommt so zu dem Begriff der Differentialalgebra höherer Ordnung, der in dieser Arbeit näher untersucht werden soll. In der Tat ist diese Konstruktion schon vor einiger Zeit von F. K. Schmidt [12] durchgeführt und auf inseparable Körpererweiterungen angewandt worden.

Bei der Betrachtung höherer Ableitungen tritt zunächst die bekannte Schwierigkeit auf, daß bei Primzahlcharakteristik p die p-ten und höheren formalen Ableitungen von Polynomen identisch Null sind. Dem hilft man nach Hasse und F. K. Schmidt [8, 9] durch eine leichte Modifikation der Definition der höheren Ableitungen ab, die darauf hinausläuft, daß man bei der bekannten Leibnitzschen Produktformel für die höheren Ableitungen die Binomialkoeffizienten fortläßt. Daß man dadurch im Falle algebraischer Funktionenkörper einer Unbestimmten wirklich zu einer befriedigenden Theorie gelangt, wurde in [9] auseinandergesetzt. Wir benutzen daher hier diese modifizierte Produktformel zur Definition der höheren Derivationen, wie dies auch in [12] geschehen ist. Die Definition ist zudem so gefaßt, daß man als Spezialfall der Derivationen {0}-ter Ordnung die Ringhomomorphismen von R in A erhält.

Bei der Untersuchung von Derivationen erster Ordnung hat es sich als zweckmäßig erwiesen, durch Betrachtung von Ausdehnungen die funktionellen Zusammenhänge zwischen verschiedenen Derivationen in den Vordergrund zu stellen [2]. Wir studieren daher auch hier zunächst den Begriff der Ausdehnung einer Derivation höherer Ordnung eines Ringes R bezüglich eines Ringhomomorphismus λ von R in einen Ring S. Es stellt sich heraus, daß sich diese Theorie ganz analog wie bei der Derivationen erster Ordnung in [2] entwickeln läßt. Als Spezialfall der Derivationen {0}-ter Ordnung erhält man die Theorie der Operatorenbereichserweiterung von Algebren. Dies geschieht im ersten Teil dieser Arbeit. Insbesondere gibt es zu einer gegebenen Derivation und einem gegebenen λ stets eine universelle Ausdehnung vorgeschriebener Ordnung und diese ist bis auf kanonische Isomorphie eindeutig bestimmt. Ihre Kenntnis gestattet einen Überblick über sämtliche möglichen λ-Ausdehnungen der betreffenden Ordnung der gegebenen Derivation.

Wir stellen uns bei diesen Betrachtungen auf einen sehr allgemeinen Standpunkt, indem wir beliebige kommutative Ringe, die kein Einselement zu enthalten brauchen, und auch wenn sie ein Einselement enthalten, beliebige, nicht notwendige unitäre, Ringhomomorphismen zulassen. Das ist insofern zweckmäßig, als die dadurch gegenüber dem unitären Fall hinzukommenden Schwierigkeiten minimal sind, andererseits auch Fälle wie Unterringe unitärer Ringe, die zwar selbst unitär sind, aber ein anderes Einselement haben, mit erfaßt werden. Das ist wichtig bei der Bildung direkter Produkte unitärer Ringe. Außerdem gewinnt die formale Theorie dadurch auch gegenüber der Ausdehnungstheorie bei Derivationen erster Ordnung in [2] an Geschlossenheit.

Als Spezialfall der universellen Ausdehnung der fasttrivialen Derivation von R auf S erhält man den Begriff der universellen Derivation und der Differentialalgebra von S über R. Als spezifisch neues gegenüber dem Fall der Derivationen erster Ordnung kommt das Studium der Zusammenhänge zwischen den Derivationen verschiedener Ordnung, insbesondere zwischen denen endlicher Ordnung und unendlicher Ordnung eines Ringes R hinzu. Dies gibt Anlaß zu der Definition des Verkürzungsindex einer Derivation nach F. K. SCHMIDT [12], der sich beim Studium der Körpererweiterungen als nützlich erweist.

Im zweiten Teil betrachten wir sozusagen zur Illustration der allgemeinen Theorie die Differentialalgebren bei endlichen Körpererweiterungen K über k. Vom Standpunkt der Strukturtheorie der Differentialalgebren ist dabei vor allem der Fall der Primzahlchrakteristik p von Interesse. Während die Differentiale erster Ordnung in bekannter Weise mit den p-Basen von K über k verknüpft sind, erhält man bei den höheren Differentialen ganz analoge Resultate für die p-Basen von $K^{p^s} \cdot k$ über k für $s=1, 2, \dots$. Ebenso ist die Separabilität von K über k dazu äquivalent, daß sich jede Derivation in unserer neuen Definition tensoriell von k auf K ausdehnen läßt.

Zum Abschluß führen wir nach F. K. SCHMIDT [12] den Inseparabilitätsexponenten einer Körpererweiterung ein, der eine direkte Verallgemeinerung des Steinitzschen Exponenten bei algebraischen

Körpererweiterungen ist, und zeigen, wie sich dieser einmal nach [*12*] durch den Verkürzungsindex ausdrücken und zum anderen in $\mathscr{D}_\infty (K/k)$ allein charakterisieren läßt.

1. Allgemeine Ausdehnungstheorie

1.1. Grundlegende Definitionen und Eigenschaften

(1.1.1) Vorbemerkung. Alle in dieser Arbeit vorkommenden Ringe werden als kommutativ vorausgesetzt. Ist R ein Ring, A eine R-Algebra, so braucht es im allgemeinen (wenn A kein Einselement enthält) keinen Ringhomomorphismus $\beta: R \to A$ zu geben, so daß die R-Algebrastruktur des Ringes A durch β gegeben wird, d.h. daß gilt $r \cdot a = \beta(r) \cdot a$ für alle $r \in R$, $a \in A$, wobei der Punkt auf der linken Seite die äußere Multiplikation zwischen R und A, der Punkt auf der rechten Seite die Ringmultiplikation in A bedeutet. Man kann jedoch A stets durch einen R-Algebramonomorphismus π in eine R-Algebra A' einbetten, deren R-Algebrastruktur in der angegebenen Weise durch einen Ringhomomorphismus $\beta': R \to A'$ gegeben ist. Man definiere nämlich $A' = [R; A] = \{(r, a) \,|\, r \in R, a \in A\}$ mit den Ringoperationen $(r_1, a_1) + (r_2, a_2) = (r_1 + r_2, a_1 + a_2)$ und $(r_1, a_1) \cdot (r_2, a_2) = (r_1 \cdot r_2, r_1 \cdot a_2 + r_2 \cdot a_1 + a_1 \cdot a_2)$ für alle $r_1, r_2 \in R$ und $a_1, a_2 \in A$, wobei innerhalb der Klammer $+$ die Addition in R bzw. A und der Multiplikationspunkt die Multiplikation in R bzw. äußere Multiplikation von R und A, bzw. die Multiplikation in A bedeutet. A' ist ein kommutativer Ring. Die Abbildung $\beta': R \to A'$, definiert durch $\beta'(r) = (r, 0)$ für alle $r \in R$, ist ein Ringhomomorphismus. Definiert man die R-Algebra-Struktur von A' mittels β', so ist die Abbildung $\pi: A \to A'$, definiert durch $\pi(a) = (0, a)$ für alle $a \in A$, ein R-Algebramonomorphismus.

Wenn wir im folgenden Derivationen $\boldsymbol{D}$ von R in eine R-Algebra A betrachten, bedeutet es nach dem eben Gesagten keine Einschränkung der Allgemeinheit, wenn wir stets voraussetzen, daß die R-Algebrastruktur von A durch einen Ringhomomorphismus $D^0: R \to A$ gegeben wird. Die Formulierungen werden dadurch bedeutend glatter.

(1.1.2) Definition. *Es sei N ein Abschnitt der nichtnegativen ganzen Zahlen* (d.h. $N = \{0, 1, 2, \ldots, \nu\}$, wo ν eine nichtnegative ganze Zahl ist, oder N die Menge aller nichtnegativen ganzen Zahlen). *Eine Derivation der Ordnung N eines Ringes R in einen Ring A ist eine Familie $\boldsymbol{D} = \{D^n \,|\, n \in N\}$ von Abbildungen*

$D^n \colon R \to A$ *für alle* $n \in N$, *kurz* $D \colon R \to A$, mit:

(1.1.2.1) *Summenregel:* $D^n(x+y) = D^n(x) + D^n(y)$

(1.1.2.2) *Produktregel:* $D^n(x \cdot y) = \sum\limits_{\substack{0 \le j,\, k \le n \\ j+k=n}} D^j(x) \cdot D^k(y)$ $\Bigg\}$ für alle $x, y \in R.$

D^0 ist ein Ringhomomorphismus von R in A. Wir definieren eine R-Algebrastruktur auf A, indem wir setzen

(1.1.2.3) $\quad x \cdot a \underset{\text{Def.}}{=} D^0(x) \cdot a$ für alle $x \in R$ und $a \in A$.

(1.1.2.4) Aus der Summenregel folgt sofort $D^n(0) = 0$ und $D^n(-x) = -D^n(x)$ sowie $D^n(m \cdot x) = m \cdot D^n(x)$ für alle $n \in N$, $x \in R$ und natürliche Zahlen m, also $D^n(m \cdot x) = m \cdot D^n(x)$ für alle $n \in N$, $x \in R$, $m \in \mathbb{Z}$.

(1.1.3) Bezeichnungen. Wenn keine Mißverständnisse zu befürchten sind, schreiben wir im folgenden $D^n x$ statt $D^n(x)$. Ist T eine Untermenge von R, so definieren wir $D T = \{D^n t \,|\, t \in T,\ n \in N,\ n \ge 1\}$. Die von $D^0 R$ und $D T$ erzeugte R-Unteralgebra von A wird mit $[R, D T]$ bezeichnet. $[R, D R]$ heißt die zu D gehörige Deriviertenalgebra.

(1.1.4) Definiert man für alle $n \in N$: $D^n = 0$ (Nullabbildung von R in den Nullring), so erhält man eine Derivation der Ordnung N von R mit $D R = \{0\}$ und $[R, D R] = \{0\}$. Diese heißt die *triviale Derivation der Ordnung N von R*. Definiert man ferner $D^0 = id_R$ (identische Abbildung von R) und $D^n = 0$ für alle $n \in N$, $n \ne 0$, so erhält man eine Derivation der Ordnung N von R mit $D R = \{0\}$ und $[R, D R] = R$. Diese heißt die *fasttriviale Derivation der Ordnung N von R*.

(1.1.5) Allgemeine Produktregeln. Die folgenden Formeln ergeben sich unmittelbar durch Induktion aus der Produktregel. Seien $x_1, \ldots, x_m \in R$, $n \in N$, so gilt

(1.1.5.1) $\qquad D^n(x_1 \cdots x_m) = \sum\limits_{\substack{0 \le i_1, \ldots, i_m \le n \\ i_1 + \cdots + i_m = n}} D^{i_1} x_1 \cdots D^{i_m} x_m.$

Sind ferner $e_1, \ldots, e_m$ natürliche Zahlen oder Null, so gilt:

(1.1.5.2) $\quad D^n(x_1^{e_1} \cdots x_m^{e_m})$

$$= \sum\limits_{\substack{0 \le i_{jk} \le n \\ i_{11} + \cdots + i_{1e_1} + \\ + i_{21} + \cdots + i_{2e_2} + \\ \cdots\cdots\cdots \\ + i_{m1} + \cdots + i_{me_m} = n}} D^{i_{11}} x_1 \cdots D^{i_{1e_1}} x_1 \cdots D^{i_{m1}} x_m \cdots D^{i_{me_m}} x_m.$$

Es ist wenig nützlich, diese Formeln weiter zusammenzufassen, da sie zu kompliziert werden (vgl. [8], S. 52, Formel (3')). Wir werden mit der obigen Gestalt auskommen. Dagegen ist es für spätere Anwendungen zweckmäßig, Formel (1.1.5.2) im Spezialfall $m=1$ etwas näher zu betrachten. Man erhält daraus: für $x \in R$, e nat. Zahl:

$$(1.1.5.3) \quad \textit{Potenzregel: } D^n(x^e) = e \cdot x^{e-1} \cdot D^n\, x + \sum_{\substack{0 \le i_1, \ldots, i_e \le n-1 \\ i_1 + \cdots + i_e = n}} D^{i_1} x \cdots D^{i_e} x.$$

Man beachte, daß unter dem Summenzeichen nun nur noch $D^i x$ mit $i < n$ auftreten. Eine weitere Potenzformel für p^m-te Potenzen, wenn p die Charakteristik von R ist, werden wir später in (1.1.12) herleiten.

(1.1.6) *Ist e ein Idempotent von R, so gilt $D^n(e) = 0$ für alle* $n \in N$, $n \ge 1$.

Beweis durch Induktion nach n. Nach der Produktregel hat man $\quad D^n e = D^n(e \cdot e) = e \cdot D^n e + \sum_{\substack{1 \le j, k < n \\ j+k=n}} D^j e \cdot D^k e + e \cdot D^n e$. Induktionsvoraussetzung: Für alle $1 \le k < n$ ist $D^k e = 0$. Es folgt $D^n e = e \cdot D^n e + e \cdot D^n e$, also, nach Multiplikation mit e, $e \cdot D^n e = e \cdot D^n e + e \cdot D^n e$, also $e \cdot D^n e = 0$ und daher wegen der obigen Formel auch $D^n e = 0$. Eine wichtige Folgerung aus diesem Resultat ist

(1.1.7) *Ist R unitär mit Einselement e, so ist die Deriviertenalgebra $[R, \boldsymbol{D}R]$ unitär mit $D^0 e$ als Einselement.*

Beweis. Aus der Produktregel erhält man unter Beachtung von (1.1.6): $D^n x = D^n(e \cdot x) = D^0 e \cdot D^n x + 0 = D^0 e \cdot D^n x$ für alle $x \in R$, $n \in N$. Da die $D^n x$ die Deriviertenalgebra erzeugen, hat man dann $D^0 e \cdot z$ für alle $z \in [R, \boldsymbol{D}R]$.

(1.1.8) Derivationen von $\boldsymbol{R}$ über $\boldsymbol{P}$. Es sei P ein weiterer Ring, $\varrho: P \to R$ ein Ringhomomorphismus.

(1.1.8.1) Definition. *Eine Derivation D von R heißt Derivation von R über P, oder genauer ϱ-Derivation, wenn gilt $D^n \circ \varrho = 0$ für alle* $n \in N$, $n \ge 1$.

Da wegen der Summen- und Produktregel aus $D^n x = 0$ und $D^n y = 0$ für alle $1 \le n \in N$ folgt $D^n(x \pm y) = 0$ für alle $1 \le n \in N$, ist $K \underset{\text{Def.}}{=} \{x \mid x \in R, \; D^n x = 0 \text{ für alle } 1 \le n \in N\}$ ein Unterring von R und $\boldsymbol{D}$ ist eine Derivation von R über K (bezüglich der natürlichen Injektion $K \to R$). Nach (1.1.6) ist, falls R ein Einselement e hat,

$e \in K$, also K unitär mit derselben Eins wie R. K heißt der *Konstantenring* von $\mathbf{D}$.

(1.1.8.2) $\mathbf{D}$ ist eine Derivation von R über P (bezüglich ϱ) genau dann, wenn gilt $\varrho(P) \subseteq K$. Speziell sieht man daraus:

(1.1.8.3) *Jede Derivation $\mathbf{D}$ eines Ringes R ist eine Derivation über dem Nullring. Ist R unitär, so ist $\mathbf{D}$ auch eine Derivation über dem Primring von R (bezüglich der natürlichen Injektion) und über dem Ring $\mathbb{Z}$ der ganzen rationalen Zahlen bezüglich des natürlichen Epimorphismus von $\mathbb{Z}$ auf den Primring von R.*

(1.1.9) Morphismen von Derivationen. Es seien R, S Ringe, $\lambda \colon R \to S$ ein Ringhomomorphismus.

(1.1.9.1) Ist $\mathbf{D} = \{D^n \mid n \in N\}$ eine Derivation von S, so ist $\mathbf{D} \circ \lambda \underset{\text{Def.}}{=} \{D^n \circ \lambda \mid n \in N\}$ eine Derivation von R. Ist ferner P ein weiterer Ring, $\alpha \colon P \to R$, $\beta \colon P \to S$ Ringhomomorphismen, $\mathbf{D}$ eine β-Derivation von S und λ ein P-Algebrahomomorphismus bezüglich der durch α bzw. β gegebenen P-Algebrastruktur von R bzw. S, so ist $\mathbf{D} \circ \lambda$ eine α-Derivation von R.

(1.1.9.2) Ist $\mathbf{D} = \{D^n \mid n \in N\}$ eine Derivation von R in A und $\pi \colon A \to B$ ein Ringhomomorphismus von A in einen Ring B, so ist $\pi \circ \mathbf{D} \underset{\text{Def.}}{=} \{\pi \circ D^n \mid n \in N\}$ eine Derivation von R in B. $\pi \circ \mathbf{D}$ heißt *Spezialisierung* von $\mathbf{D}$ unter π. Ist $\mathbf{D}$ Derivation über einem P (ϱ-Derivation), so ist auch jede Spezialisierung von $\mathbf{D}$ Derivation über P (ϱ-Derivation).

(1.1.9.3) Die soeben betrachteten Situationen sind wichtige Spezialfälle des folgenden allgemeinen Sachverhalts: Seien R, S Ringe, $N \subseteq M$ Abschnitte der nichtnegativen ganzen Zahlen, $\mathbf{D} = \{D^n \mid n \in N\}$ eine Derivation von R in einen Ring A, $\mathbf{d} = \{d^m \mid m \in M\}$ eine Derivation von S in einen Ring B.

Definition. *Ein Paar (λ, π) von Ringhomomorphismen $\lambda \colon R \to S$, $\pi \colon A \to B$ heißt Morphismus von $\mathbf{D}$ in $\mathbf{d}$, wenn für alle $n \in N$ das folgende Diagramm kommutativ ist:*

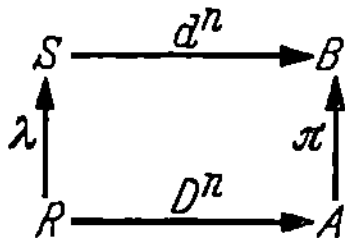

Wir schreiben dafür auch kurz $(\lambda, \pi) \colon \mathbf{D} \to \mathbf{d}$ oder $\mathbf{D} \xrightarrow{(\lambda, \pi)} \mathbf{d}$.

Ist T ein weiterer Ring, ∂ eine Derivation von T in einen Ring C, (μ, φ) ein Morphismus von d in ∂, so ist $(\mu \circ \lambda, \varphi \circ \pi)$ ein Morphismus von D in ∂. Dieser heißt das Produkt von (λ, π) und (μ, φ) und wird mit $(\mu, \varphi) \circ (\lambda, \pi)$ bezeichnet. Mit dieser Definition der Morphismen und ihrer Verknüpfung bilden die Derivationen eine Kategorie über der Kategorie der kommutativen Ringe.

(1.1.10) Verkürzung einer Derivation.

(1.1.10.1) Definition. *Sei R ein Ring, $D: R \to A$ eine Derivation von R in einen Ring A, N die Ordnung von D, $N' \leq N$ ein Teilabschnitt von N. $D_{N|N'} \underset{\text{Def.}}{=} \{D^n \mid n \in N'\}$ heißt die Verkürzung von N nach N' von D.*

$D_{N|N'}$ ist eine Derivation der Ordnung N' von R in A. Es ist $[R, D_{N|N'} R] \subseteq [R, D R]$.

(1.1.10.2) Ist D' eine Verkürzung von D, so ist (D, id_A) eine id_R-Ausdehnung der Ordnung N von D' [s. Definition (1.2.1)].

(1.1.10.3) Mit den Voraussetzungen von (1.1.9.3) gilt: (λ, π) ist genau dann ein Morphismus von D in d, wenn $(d \circ \lambda)_{M|N}$ Spezialisierung von D unter π ist.

(1.1.11) Die folgenden Bemerkungen gehen auf Satz 1 und 2 von [9] zurück. Es seien R, A Ringe, N ein Abschnitt der nichtnegativen ganzen Zahlen, $\{D^n \mid n \in N\}$ eine Familie von Abbildungen $D^n: R \to A$, t eine Unbestimmte. Ferner sei, falls $N = \{0, 1, \ldots, \nu\}$ endlich ist, $\mathfrak{T} = A[t]/t^{\nu+1} = A[[t]]/t^{\nu+1}$ und, falls N die Menge aller nichtnegativen ganzen Zahlen ist, $\mathfrak{T} = A[[t]]$. Dabei bedeutet $A[t]$ den Polynomring und $A[[t]]$ den formalen Potenzreihenring in t über A im üblichen Sinne, d.h. $\mathfrak{T}$ hat ein Einselement t^0 und, falls A unitär mit einem Einselement e ist, gilt $e\,t^0 = t^0$. [Im Gegensatz zu den Definitionen in (1.4.1).] Vermöge des injektiven Homomorphismus $A \ni a \to a\,t^0 \in \mathfrak{T}$ fassen wir A als Unterring von $\mathfrak{T}$ auf.

Sei $\chi: R \to \mathfrak{T}$ definiert durch $\chi(x) = \sum\limits_{n=0}^{\nu} D^n(x) t^n$ für alle $x \in R$, wobei wir formal $\nu = \infty$ setzen, wenn N nicht endlich ist. Dann hat man:

(1.1.11.1) Satz. *Mit den oben erklärten Voraussetzungen und Bezeichnungen sind äquivalent:*

1) *$\{D^n \mid n \in N\}$ ist eine Derivation der Ordnung N von R in A.*
2) *χ ist ein Ringhomomorphismus.*

Beweis. Es ist nach Definition von χ für $x, y \in R$:

$$\chi(x)+\chi(y)=\sum_{n=0}^{\nu}(D^n(x)+D^n(y))\,t^n \quad \text{und} \quad \chi(x+y)=\sum_{n=0}^{\nu}D^n(x+y)\,t^n,$$

ferner

$$\chi(x)\cdot\chi(y)=\sum_{n=0}^{\nu}\left(\sum_{\substack{0\le j,k\le n \\ j+k=n}}D^j(x)\cdot D^k(y)\right)t^n \quad \text{und} \quad \chi(x\cdot y)=\sum_{n=0}^{\nu}D^n(x\cdot y)\,t^n.$$

Da die Koeffizienten von t^n für $0\le n<\nu+1$ eindeutig bestimmt sind, folgt durch Koeffizientenvergleich, daß die Homomorphierelationen für χ äquivalent zur Summen- und Produktregel für $\{D^n\,|\,n\in N\}$ sind. q.e.d. Man erhält als Korollar sofort:

(1.1.11.2) Ist ein Ringhomomorphismus $\chi\colon R\to\mathfrak{T}$ gegeben und ist

$$\chi(x)=\sum_{n=0}^{\nu}a_n(x)\,t^n \quad \text{für alle} \quad x\in R, \quad \text{so definiert} \quad D^n(x)=a_n(x) \quad \text{eine}$$

Derivation $\{D^n\,|\,n\in N\}$ der Ordnung N von R in A.

Als eine erste Anwendung von (1.1.11) zeigen wir:

(1.1.12) Derivationen p-ter Potenzen.

Sei R ein Ring, p eine Primzahl, A ein Ring der Charakteristik p (d.h. $p\cdot a=0$ für alle $a\in A$), $\boldsymbol{D}$ eine Derivation von R in A, N die Ordnung von $\boldsymbol{D}$. Dann gilt für alle $n\in N$, $a\in A$ und jede natürliche Zahl e:

$$D^n(y^{p^e})=\begin{cases} 0, & \text{falls} \quad p^e\nmid n, \\ (D^k y)^{p^e}, & \text{falls} \quad n=k\cdot p^e. \end{cases}$$

Beweis. Sei χ der zu $\boldsymbol{D}$ nach (1.1.11) gehörige Homomorphismus von R in $\mathfrak{T}$. Dann ist

$$\sum_{n\in N}D^n(y^{p^e})\,t^n=\chi(y^{p^e})=(\chi(y))^{p^e}=\left(\sum_{k\in N}(D^k y)\,t^k\right)^{p^e}=\sum_{k\in N}(D^k y)^{p^e}\cdot t^{k\cdot p^e}.$$

Koeffizientenvergleich liefert das gewünschte Resultat.

1.2. Ausdehnungen von Derivationen

Ist S ein Ring, R ein Unterring, $\boldsymbol{D}$ eine Derivation von R, so läßt sich $\boldsymbol{D}$ im allgemeinen nicht zu einer Derivation von S fortsetzen, d.h. die Injektion $\lambda\colon R\to S$ läßt sich im allgemeinen nicht durch einen *Mono*morphismus π von $[R,\boldsymbol{D}R]$ in einen Ring B zu einem Morphismus (λ,π) von $\boldsymbol{D}$ in eine Derivation $\boldsymbol{d}$ ergänzen. Wohl ist es aber immer möglich, λ durch einen *Homomorphismus* π zu einem Morphismus (λ,π) von $\boldsymbol{D}$ in ein $\boldsymbol{d}$ zu ergänzen, und zwar im allgemeinen auf sehr viele verschiedene Arten. Das führt zu dem Begriff der Ausdehnung, der im Falle der Derivationsmoduln in [2] studiert wurde. In unserer allgemeineren Situation verläuft die Entwicklung analog wie dort.

(1.2.1) Definition. *Seien R, S zwei Ringe, $\lambda: R \to S$ ein Ringhomomorphismus, $N \subseteq M$ Abschnitte der nicht negativen ganzen Zahlen, D eine Derivation der Ordnung N von R in einen Ring A. Ein Paar (d, π), wobei d eine Derivation von S in einen Ring B und π ein Ringhomomorphismus von A in B ist, heißt Ausdehnung der Ordnung M von D auf S bezüglich λ, oder einfach λ-Ausdehnung der Ordnung M von D, wenn (λ, π) ein Morphismus von D in d ist und d die Ordnung M hat.*

Unmittelbar aus den Definitionen folgt:

(1.2.2) Jede Spezialisierung einer λ-Ausdehnung *der Ordnung M* von D ist wieder eine λ-Ausdehnung *der Ordnung M* von D. Allgemeiner:

Ist T ein weiterer Ring, L ein Abschnitt der nichtnegativen ganzen Zahlen, $L \supseteq M$, ∂ eine Derivation der Ordnung L von T, (μ, φ) ein Morphismus von d in ∂ und (d, π) eine λ-Ausdehnung von D, so ist $(\partial, \varphi \circ \pi)$ eine $\mu \circ \lambda$-Ausdehnung der Ordnung L von D; denn $(\mu, \varphi) \circ (\lambda, \pi)$ ist ein Morphismus von D in ∂.

(1.2.3) Ist P ein weiterer Ring, $\alpha: P \to R$, $\beta: P \to S$ Ringhomomorphismen, D eine α-Derivation von R, λ ein P-Algebrenhomomorphismus bezüglich der durch α bzw. β gegebenen P-Algebrenstruktur von R bzw. S, (d, π) eine λ-Ausdehnung von D, so ist d eine β-Derivation von S, wie man aus dem folgenden kommutativen Diagramm sieht:

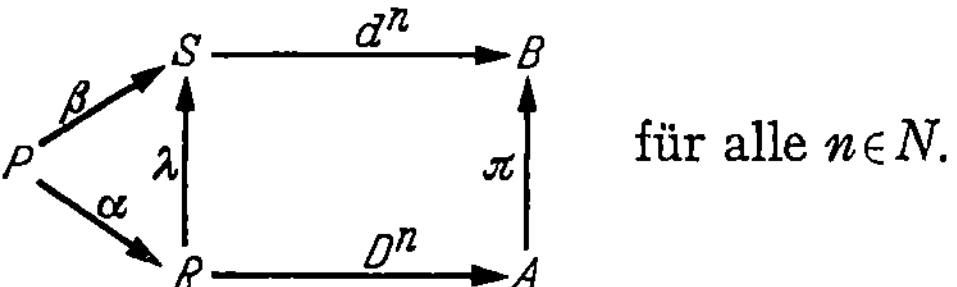

für alle $n \in N$.

(1.2.4) Der Begriff der Ausdehnung verlangt wenig; denn beispielsweise die triviale Derivation von S ist zusammen mit der Nullabbildung von A eine λ-Ausdehnung einer jeden Derivation von R. Bedeutung gewinnt er erst durch Zusatzforderungen wie „universell", „tensoriell" oder „treu", die im folgenden eingeführt werden.

(1.2.5) Definition. *Es seien R, S Ringe, $\lambda: R \to S$ ein Ringhomomorphismus, $N \subseteq M$ Abschnitte der nichtnegativen ganzen Zahlen, D eine Derivation der Ordnung N von R in einen Ring A. Ein Paar*

(d, π), *wobei d eine Derivation von S in einen Ring B und $\pi\colon A\to B$ ein Ringhomomorphismus ist, heißt "universelle λ-Ausdehnung der Ordnung M von D", wenn gilt:*

(1.2.5.1) (d, π) *ist eine λ-Ausdehnung der Ordnung M von D.*

(1.2.5.2) *Ist (∂, φ) eine beliebige λ-Ausdehnung der Ordnung M von D, $\partial\colon S\to C$, so gibt es genau einen Ringhomomorphismus*

$\psi\colon B\to C$ *mit* $\begin{cases}\partial=\psi\circ d\\ \varphi=\psi\circ\pi\end{cases}$. (Wir sagen auch kurz: ∂ ist eindeutige Spezialisierung von d.)

Man hat dann das folgende kommutative Diagramm:

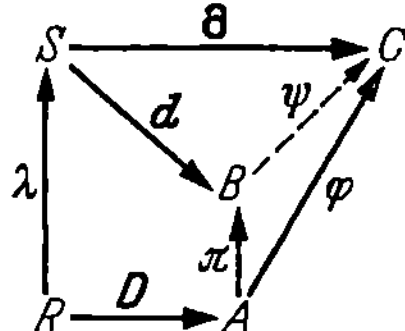

Dabei ist das Diagramm "sinngemäß" zu interpretieren, d.h.

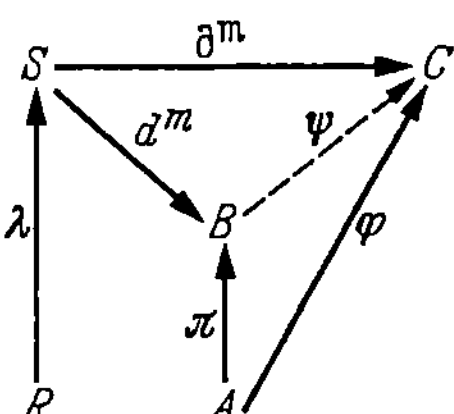

ist kommutativ für alle $m\in M$ und

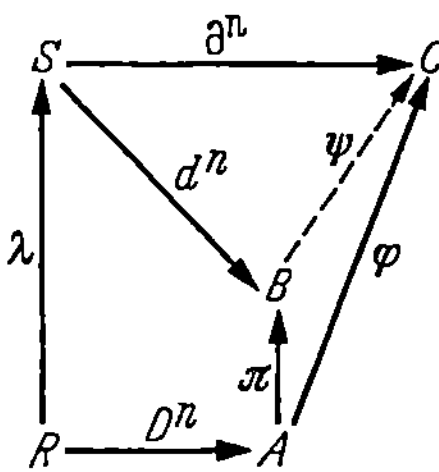

ist kommutativ für alle $n\in N$.

(1.2.5.3) *Falls $A=[R, \mathbf{D}R]$ ist, ist die Bedingung $\varphi=\psi\circ\pi$ eine Folge von $\partial=\psi\circ d$;* denn dann ist jedes Element $a\in A$ von der Form $a=\sum D^{i_1}x_{k_1}\ldots D^{i_r}x_{k_r}$ mit $x_{k_\nu}\in R$, also $\varphi(a)=\sum\varphi\circ D^{i_1}x_{k_1}\ldots$
$\varphi\circ D^{i_r}x_{k_r}=\sum\partial^{i_1}\circ\lambda(x_{k_1})\ldots\partial^{i_r}\circ\lambda(x_{k_r})=\sum\psi\circ d^{i_1}\circ\lambda(x_{k_1})\ldots\psi\circ d^{i_r}\circ\lambda(x_{k_r})$
$=\psi(\sum\pi\circ D^{i_1}x_{k_1}\ldots\pi\circ D^{i_\nu}x_{k_\nu})=\psi\circ\pi(a)$ für alle $a\in A$, d.h. $\varphi=\psi\circ\pi$.
q.e.d.

(1.2.5.4) Zu gegebenem D, M und λ existiert stets eine universelle λ-Ausdehnung der Ordnung M. Das läßt sich ähnlich wie in [2], § 1 einsehen. Da sich aber aus den Konstruktionen in (1.4.3) und (1.6) von selbst ein Existenzbeweis mit ergibt, verzichten wir hier auf einen solchen.

(1.2.6) *Eine universelle λ-Ausdehnung der Ordnung M von D ist bis auf kanonische Isomorphie eindeutig bestimmt.*

Genauer: Sind (d, π) und (d', π') zwei universelle λ-Ausdehnungen der Ordnung M von D, $d\colon S \to B$, $d'\colon S \to B'$, so gibt es nach Definition genau einen Homomorphismus $\psi\colon B \to B'$ mit $d' = \psi \circ d$, $\pi' = \psi \circ \pi$ und genau ein $\psi'\colon B' \to B$ mit $d = \psi' \circ d'$, $\pi = \psi' \circ \pi'$. Die Eindeutigkeit der universellen Ausdehnung besagt dann: $\psi' \circ \psi = \mathrm{id}_B$ und $\psi \circ \psi' = \mathrm{id}_{B'}$, d.h. ψ und ψ' sind einander umkehrende Isomorphismen.

Beweis. Es ist $d = \psi' \circ d' = \psi' \circ \psi \circ d$ und $\pi = \psi' \circ \pi' = \psi' \circ \psi \circ \pi$. Ferner gilt trivialerweise $d = \mathrm{id}_B \circ d$ und $\pi = \mathrm{id}_B \circ \pi$. Die Eindeutigkeitsaussage in der Definition (1.2.5), (2), angewandt auf $\partial = d$, $\varphi = \pi$, liefert $\psi' \circ \psi = \mathrm{id}_B$. Analoges gilt für die zweite Aussage.

Auf Grund dieses Eindeutigkeitssatzes sprechen wir meist von *der* universellen λ-Ausdehnung der Ordnung M von D und schreiben $=$ anstatt $\cong$.

Eine in konkreten Situationen oft bequemere Charakterisierung der universellen Ausdehnung liefert der folgende Satz.

(1.2.7) *Mit den Bezeichnungen von* (1.2.5) *gilt:*

(d, π) *ist universelle λ-Ausdehnung der Ordnung M von D genau dann, wenn gilt:*

(1.2.5.1) (d, π) *ist eine λ-Ausdehnung der Ordnung M von D.*

(1.2.7.2') B *wird als Ring von $\pi(A)$ und $[S, dS]$ erzeugt.*

(1.2.7.2'') *Ist (∂, φ) eine beliebige λ-Ausdehnung der Ordnung M von D, $\partial\colon S \to C$, so gibt es einen Ringhomomorphismus $\psi\colon B \to C$ mit $\partial = \psi \circ d$ und $\varphi = \psi \circ \pi$.*

Beweis. Es ist zu zeigen, daß unter der Voraussetzung (1.2.5.1) die Aussage (1.2.5.2) äquivalent ist zu (1.2.7.2') und (1.2.7.2'').

Aus (1.2.7.2') und (1.2.7.2'') folgt (1.2.5.2): Es ist zu zeigen, daß ψ durch (∂, φ) eindeutig bestimmt ist. Das ist klar, da nach (1.2.7.2') der Ring B von $\pi(A)$ und $[S, dS]$ erzeugt wird und für Elemente der Form $\pi(a)$ und $d^i(x)$, $a \in A$, $x \in S$, das Bild unter ψ durch $\psi\big(\pi(a)\big) = \varphi(a)$ und $\psi\big(d^i(x)\big) = \partial^i(x)$ festgelegt ist.

Aus (1.2.5.2) folgt (1.2.7.2″) trivialerweise. Aus (1.2.5.2) folgt (1.2.7.2′): Sei B' der von $\pi(A)$ und $[S; dS]$ erzeugte Unterring von B, β: $B' \to B$ die Inklusionsabbildung. B' umfaßt das Bild von d und von π. Seien d' bzw. π' die Einschränkungen von d bzw. π auf den Bildbereich B'. Man hat dann $d = \beta \circ d'$, $\pi = \beta \circ \pi'$, und (d', π') ist eine λ-Ausdehnung von D. Also gibt es nach (1.2.5.2) eine Abbildung ψ: $B \to B'$ mit $d' = \psi \circ d$ und $\pi' = \psi \circ \pi$. Es folgt $d = \beta \circ d' = \beta \circ \psi \circ d$ und $\pi = \beta \circ \pi' = \beta \circ \psi \circ \pi$. Wie in (1.2.6) folgt daraus wegen der Eindeutigkeitsaussage von (1.2.5.2), daß $\beta \circ \psi = \mathrm{id}_B$ ist. Also ist β surjektiv und somit $B' = B$.   q.e.d.

(1.2.8) Erweiterung des Operatorenbereichs.

Seien R, S, A Ringe, λ: $R \to S$, α: $R \to A$ Ringhomomorphismen.

Definition. *Ein Paar (σ, τ), wobei σ bzw. τ Ringhomomorphismen von S bzw. A in einen Ring E sind, heißt „universelle λ-Erweiterung von α", wenn gilt:*

(1.2.8.1) *Es ist $\sigma \circ \lambda = \tau \circ \alpha$.*

(1.2.8.2) *Ist (χ, η) ein Paar von Ringhomomorphismen von S bzw. A in einen Ring F mit $\chi \circ \lambda = \eta \circ \alpha$, so gibt es genau einen Ringhomomorphismus θ: $E \to F$ mit $\chi = \theta \circ \sigma$ und $\eta = \theta \circ \tau$.*

Deutet man $\{\alpha\}$ und $\{\sigma\}$ als Derivationen der Ordnung $\{0\}$ von R bzw. S, so ist $(\{\sigma\}, \tau)$ universelle λ-Ausdehnung der Ordnung $\{0\}$ von $\{\alpha\}$. Es folgt dann aus (1.2.6), daß (σ, τ) bis auf kanonische Isomorphie eindeutig bestimmt ist. Ferner läßt sich nach (1.2.7) die Bedingung (1.2.8.2) ersetzen durch

(1.2.8.2′) *E wird als Ring von $\tau(A)$ und $\sigma(S)$ erzeugt, und*

(1.2.8.2″) *Ist (χ, η) ein Paar von Ringhomomorphismen von S bzw. A in einen Ring F mit $\chi \circ \lambda = \eta \circ \alpha$, so gibt es einen Homomorphismus θ: $E \to F$ mit $\chi = \theta \circ \sigma$, $\eta = \theta \circ \tau$.*

(1.2.8.3) Falls alle Ringe und Homomorphismen unitär sind, ist nach [4] $E = S \otimes_R A$, wobei S und A vermöge λ bzw. α als R-Algebren aufzufassen sind, und σ, τ sind die kanonischen Abbildungen von S bzw. A in $S \otimes_R A$: $\sigma(x) = x \otimes 1$ und $\tau(a) = 1 \otimes a$ für alle $x \in S$ und $a \in A$. Im allgemeinen Falle sieht man die Existenz der universellen λ-Erweiterung von α durch folgende Konstruktion ein:

Man betrachte neben den Ringen R, S, A die Ringe $R' = [\mathbb{Z}; R]$, $S' = [\mathbb{Z}; S]$, $A' = [\mathbb{Z}; A]$ mit den Bezeichnungen von (1.1.1), $\mathbb{Z}$ der Ring der ganzen rationalen Zahlen, und fasse sie als Oberringe von

R, S, A auf. Man erweitere die Homomorphismen λ und α durch die Definitionen $\lambda'((n, x)) = (n, \lambda(x))$ und $\alpha'((n, x)) = (n, \alpha(x))$ zu Homomorphismen $\lambda'\colon R' \to S'$ und $\alpha'\colon R' \to A'$, die λ bzw. α fortsetzen. Nun ist alles unitär. Man bilde $E' = S' \otimes_{R'} A'$ und bezeichne die kanonischen Homomorphismen von S' bzw. A' in E' mit σ' bzw. τ'. Sei E der von $\sigma'(S)$ und $\tau'(A)$ erzeugte Unterring von E', σ bzw. τ die Einschränkungen von σ' bzw. τ' auf den Definitionsbereich S bzw. A und den Bildbereich E. (σ, τ) ist die gesuchte universelle λ-Erweiterung von α.

Beweis. (1.2.8.1) und (1.2.8.2') sind nach Konstruktion erfüllt. Ist (χ, η) ein Paar von Ringhomomorphismen $\chi\colon S \to F$, $\eta\colon A \to F$ mit $\chi \circ \lambda = \eta \circ \alpha$, so betrachte man die analog wie oben gebildeten Ringhomomorphismen $\chi'\colon S' \to F'$ und $\eta'\colon A' \to F'$. Es gilt $\chi' \circ \lambda' = \eta' \circ \alpha'$. Da nach dem eingangs bemerkten (σ', τ') universelle λ'-Erweiterung von α' ist, gibt es ein $\theta'\colon E' \to F'$ mit $\chi' = \theta' \circ \sigma'$ und $\eta' = \theta' \circ \tau'$. Sei θ die Einschränkung von θ' auf den Definitionsbereich E und den Bildberiche F, so ist $\chi = \theta \circ \sigma$ und $\eta = \theta \circ \tau$, also ist auch (1.2.8.2'') erfüllt.   q.e.d.

Dieser Beweis stellt den Anschluß an [4] her. Ein zweiter, davon unabhängiger Existenzbeweis ergibt sich aus dem Existenzbeweis für die universelle Ausdehnung von Derivationen (1.4.3) für den Spezialfall, daß alle Derivationen die Ordnung $\{0\}$ haben.

(1.2.8.4) Bezeichnung. Den Ring E der universellen λ-Erweiterung (σ, τ) von α bezeichnen wir auch durch $S *_\lambda A$. Unter den kanonischen Homomorphismen von S bzw. A in $S *_\lambda A$ verstehen wir die Homomorphismen σ und τ.

(1.2.9) Tensorielle Ausdehnung

Sei $\lambda\colon R \to S$ ein Ringhomomorphismus, $\mathbf{D}\colon R \to A$ eine Derivation von R in einen Ring A, (∂, φ) eine λ-Ausdehnung von $\mathbf{D}$, $\partial\colon S \to C$, (σ, τ) universelle λ-Erweiterung von D^0.

Wegen $\partial^0 \circ \lambda = \varphi \circ D^0$ ist $(\{\partial^0\}, \varphi)$ eine λ-Ausdehnung von $\{D^0\}$. Sei θ der kanonische Homomorphismus von $S *_\lambda A$ in C, der eindeutig bestimmt ist durch $\partial^0 = \theta \circ \sigma$ und $\varphi = \theta \circ \tau$.

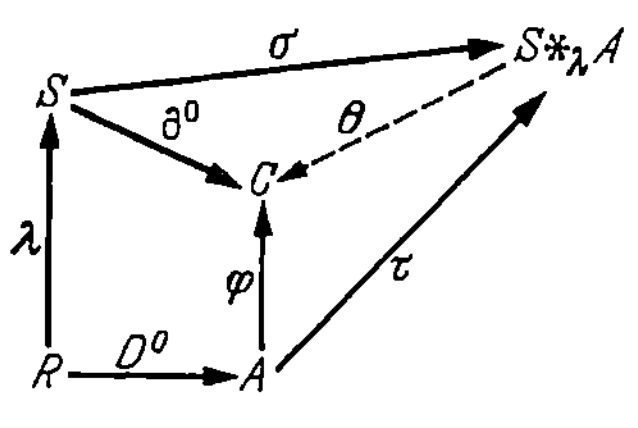

(1.2.9.1) Definition. *(∂, φ) heißt „tensorielle Ausdehnung", wenn θ injektiv ist.*

In diesem Falle läßt sich $S *_\lambda A$ vermöge der Injektion θ in kanonischer Weise mit dem von $\partial^0 S$ und $\varphi(A)$ erzeugten Unterring $[S, \varphi(A)]$ von S identifizieren.

(1.2.9.2) Zugegebenem λ, M und D existiert im allgemeinen *keine* tensorielle λ-Ausdehnung der Ordnung M von D, wie einfache Beispiele zeigen. *Wenn jedoch eine tensorielle λ-Ausdehnung (∂, φ) der Ordnung M von D existiert, ist auch die universelle λ-Ausdehnung (d, π) der Ordnung M von D tensoriell.*

Zum Beweis betrachte man das kommutative Diagramm kanonischer Homomorphismen:

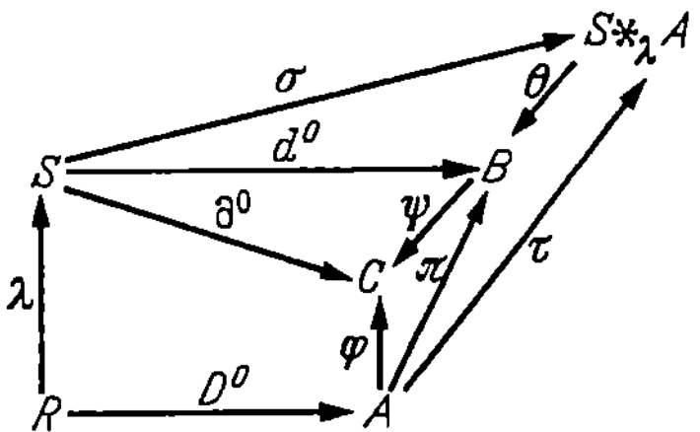

Es ist $\partial^0 = \psi \circ \theta \circ \sigma$ und $\varphi = \psi \circ \theta \circ \tau$, also ist nach (1.2.9) $\psi \circ \theta$ der kanonische Homomorphismus von $S *_\lambda A$ in C. Dieser ist nach Voraussetzung injektiv, also ist auch θ injektiv und somit (d, π) tensorielle Ausdehnung von D.   q.e.d.

(1.2.10) Treue Ausdehnung.

(1.2.10.1) Definition. *Eine λ-Ausdehnung (∂, φ) einer Derivation D heißt „treu" oder auch λ-Fortsetzung von D, wenn φ injektiv ist.*

In diesem Falle läßt sich A vermöge φ in natürlicher Weise als Unterring von C auffassen. [Bezeichnungen wie in (1.2.9).]

(1.2.10.2) Zu gegebenem λ, M und D existiert im allgemeinen *keine* treue λ-Ausdehnung der Ordnung M von D. *Wenn jedoch eine treue λ-Ausdehnung (∂, φ) der Ordnung M von D existiert, ist auch die universelle λ-Ausdehnung (d, π) der Ordnung M von D treu;* denn dann ist $\varphi = \psi \circ \pi$ und φ ist injektiv, also ist auch π injektiv. [Bezeichnungen wie in (1.2.7).]

Oft nützlich ist noch die folgende Bemerkung:

(1.2.11) *Ist (∂, φ) tensorielle λ-Ausdehnung einer Derivation D, so gilt mit den Bezeichnungen von (1.2.9):*

(∂, φ) ist treu genau dann, wenn τ injektiv ist.

Beweis. Es ist $\varphi=\theta\circ\tau$ und θ ist nach Voraussetzung injektiv. Also ist φ injektiv genau dann, wenn τ injektiv ist.

1.3. Funktorielle Eigenschaften von Ausdehnungen

(1.3.1) Transitivität von Ausdehnungen.

(1.3.1.1) Transitivität der universellen Ausdehnung. *Seien R, S, T Ringe, $\lambda\colon R\to S$, $\mu\colon S\to T$ Ringhomomorphismen, $N\subseteq M\subseteq L$ Abschnitte der nichtnegativen ganzen Zahlen, $\mathbf{D}\colon R\to A$ eine Derivation der Ordnung N von R, $(\mathbf{d}, \pi)$ universelle λ-Ausdehnung der Ordnung M von $\mathbf{D}$ und (∂, φ) universelle μ-Ausdehnung der Ordnung L von $\mathbf{d}$. Dann ist $(\partial, \varphi\circ\pi)$ universelle $\mu\circ\lambda$-Ausdehnung der Ordnung L von $\mathbf{D}$.*

Beweis. Zunächst ist $(\partial, \varphi\circ\pi)$ eine $\mu\circ\lambda$-Ausdehnung der Ordnung L von $\mathbf{D}$ nach (1.2.2). Ferner ist nach (1.2.7.2') B erzeugt von $\pi(A)$ und $[S, \mathbf{d}S]$, C erzeugt von $\varphi(B)$ und $[T, \partial T]$. Nun ist $\varphi\circ d^m x=\partial^m\circ\mu(x)$ für alle $x\in S$ und $m\in M$, also ist C erzeugt von $\varphi\circ\pi(A)$ und $[T, \partial T]$. Somit ist noch (1.2.7.2'') für $(\partial, \varphi\circ\pi)$ nachzuweisen:

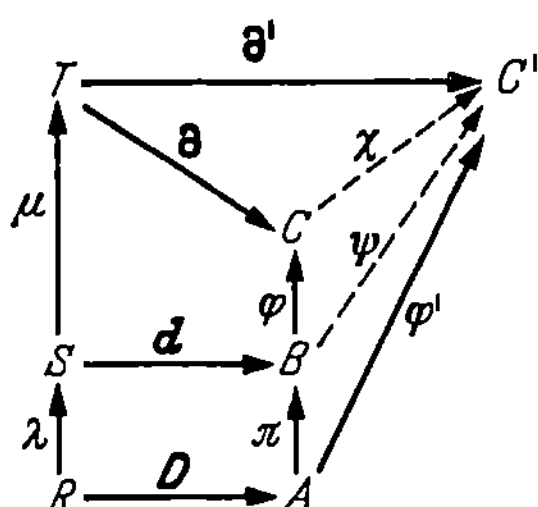

Sei (∂', φ') eine beliebige $\mu\circ\lambda$-Ausdehnung der Ordnung L von $\mathbf{D}$. Die Verkürzung von L nach M von $\partial'\circ\mu$ ist zusammen mit φ' eine λ-Ausdehnung der Ordnung M von $\mathbf{D}$. Also existiert ein Homomorphismus $\psi\colon B\to C'$ mit $(\partial'\circ\mu)_{L|M}=\psi\circ d$ und $\varphi'=\psi\circ\pi$. (∂',ψ) ist also eine μ-Ausdehnung der Ordnung L von $\mathbf{d}$. Daher existiert ein Homomorphismus $\chi\colon C\to C'$ mit $\partial'=\chi\circ\partial$ und $\psi=\chi\circ\varphi$, also auch $\varphi'=\psi\circ\pi=\chi\circ\varphi\circ\pi$.

(1.3.1.2) Die Anwendung von (1.3.1.1) auf den Spezialfall, daß alle Derivationen die Ordnung $\{0\}$ haben, liefert die Transitivität der universellen Erweiterung von Homomorphismen, die in (1.2.8) definiert wurde. Man hat dann in kanonischer Weise

$$T *_{\mu\circ\lambda} A \cong T *_\mu (S *_\lambda A).$$

(1.3.1.3) Transitivität der treuen Ausdehnungen. *Sind* $\lambda\colon R\to S$, $\mu\colon S\to T$ *wie in* (1.3.1.1), D *eine Derivation von* R, $(d,\,\pi)$ *eine treue* λ-*Ausdehnung von* D, $(\partial,\,\varphi)$ *eine treue* μ-*Ausdehnung von* d, *so ist* $(\partial,\,\varphi\circ\pi)$ *eine treue* $\mu\circ\lambda$-*Ausdehnung von* D; denn mit π und φ ist auch $\varphi\circ\pi$ injektiv.

(1.3.1.4) Transitivität der tensoriellen Ausdehnungen. Tensorielle Ausdehnungen sind im allgemeinen *nicht* transitiv. Es gilt vielmehr:

Sind $\lambda\colon R\to S$, $\mu\colon S\to T$ *wie in* (1.3.1.1), D *eine Derivation von* R *in einen Ring* A, $(d,\,\pi)$ *eine tensorielle* λ-*Ausdehnung von* D, $(\partial,\,\varphi)$ *eine tensorielle* μ-*Ausdehnung von* d, *so ist* $(\partial,\,\varphi\circ\pi)$ *genau dann tensorielle* $\mu\circ\lambda$-*Ausdehnung von* D, *wenn gilt: Der kanonische Homomorphismus* $\xi\colon T*_\mu[S,\,\pi(A)]\to T*_\mu B$ *ist injektiv.*

Dabei ist ξ folgendermaßen erklärt: Sei $\zeta\colon [S,\,\pi(A)]\to T*_\mu B$ die Zusammensetzung der Inklusionsabbildung $[S,\,\pi(A)]\to B$ mit dem kanonischen Homomorphismus $B\to T*_\mu B$, $d^{0\,\prime}$ die Einschränkung von d^0 auf den Bildbereich $[S,\,\pi(A)]$ und ϱ der kanonische Homomorphismus $T\to T*_\mu B$.

(ϱ,ζ) ist eine μ-Erweiterung von $d^{0\,\prime}$. Also gibt es genau einen Homomorphismus ξ, der das folgende Diagramm kommutativ schließt:

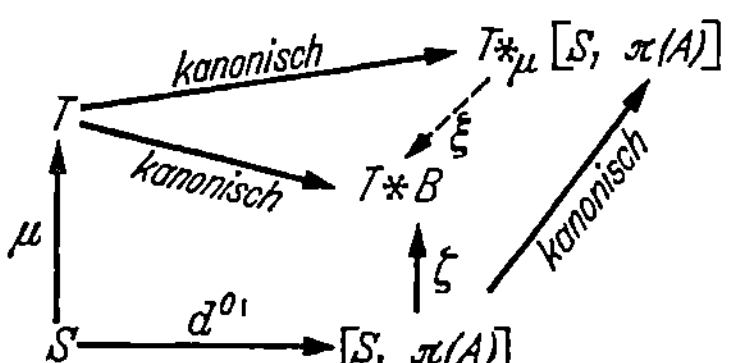

Zum Beweis von (1.3.1.4) betrachte man nun das kommutative Diagramm kanonischer Homomorphismen (nach Voraussetzung ist $[S,\,\pi(A)]\underset{\theta}{\cong}S*_\lambda A$, ferner $T*_\mu(S*_\lambda A)\cong T*_{\mu\circ\lambda}A$ nach (1.3.1.2)):

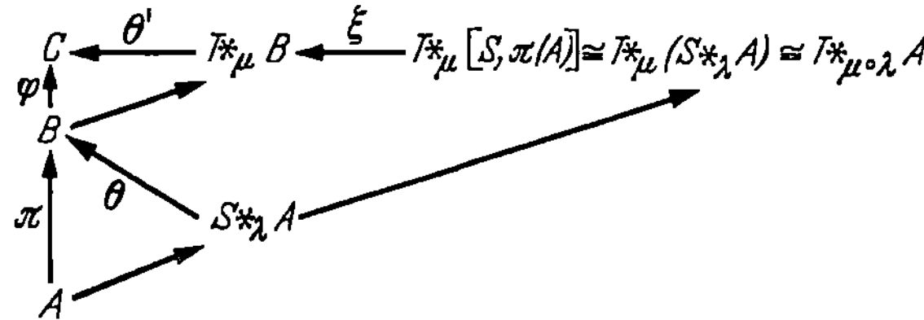

Die obere Zeile ergibt den kanonischen Homomorphismus von $T*_{\mu\circ\lambda}A$ in C. Da θ' nach Voraussetzung injektiv ist, ist dieser genau dann injektiv, wenn ξ injektiv ist.   q.e.d.

(1.3.2.1) *Seien R, R', S, S' Ringe, $\mathbf{D}\colon R \to A$, $\mathbf{D}'\colon R' \to A'$ Derivationen der Ordnung N bzw. N', $N \subseteq N'$; $(\alpha, \gamma)\colon \mathbf{D} \to \mathbf{D}'$ ein Morphismus von Derivationen; $\lambda\colon R \to S$, $\beta\colon S \to S'$, $\lambda'\colon R' \to S'$ Ringhomomorphismen mit $\lambda' \circ \alpha = \beta \circ \lambda$; $(\mathbf{d}, \pi)$ die universelle λ-Ausdehnung der Ordnung M von $\mathbf{D}$, $M \geq N$, $\mathbf{d}\colon S \to B$; $(\mathbf{d}', \pi')$ die universelle λ'-Ausdehnung der Ordnung M' von $\mathbf{D}'$, $M' \geq N'$, $M' \geq M$, $\mathbf{d}'\colon S' \to B'$.*

Dann existiert genau ein Homomorphismus $\eta\colon B \to B'$ mit:

$(\beta, \eta)\colon \mathbf{d} \to \mathbf{d}'$ *ist ein Morphismus und $\pi' \circ \gamma = \eta \circ \pi$.*

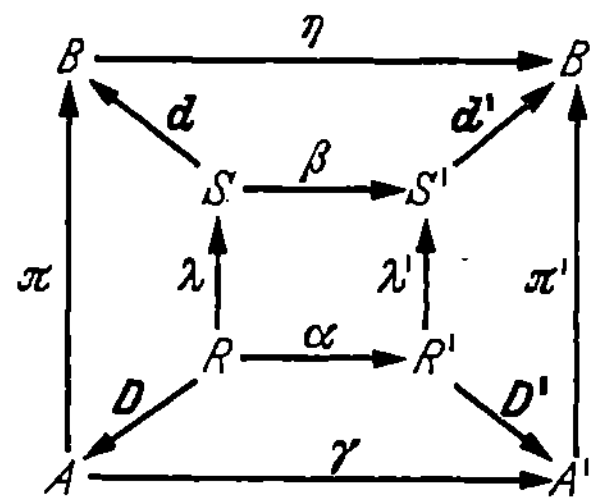

Beweis. Zunächst ist $\left((\mathbf{d}' \circ \beta)_{M'|M}, \pi' \circ \gamma \right)$ eine λ-Ausdehnung der Ordnung M von $\mathbf{D}$, denn es gilt für alle $n \in N$:

$$d'^{\,n} \circ \beta \circ \lambda = d'^{\,n} \circ \lambda' \circ \alpha = \pi' \circ D'^{\,n} \circ \alpha = \pi' \circ \gamma \circ D^{n}.$$

Also existiert genau ein Homomorphismus $\eta\colon B \to B'$ mit $(\mathbf{d}' \circ \beta)_{M|M'} = \eta \circ \mathbf{d}$ und $\pi' \circ \gamma = \eta \circ \pi$. $(\mathbf{d}' \circ \beta)_{M'|M} = \eta \circ \mathbf{d}$ bedeutet aber nach Definition gerade, daß (β, η) ein Morphismus von $\mathbf{d}$ in $\mathbf{d}'$ ist. q.e.d.

Durch eine analoge Überlegung wie in (1.2.5.3) sieht man:

Ist $A = [R, \mathbf{D}R]$, so ist die Bedingung $\pi' \circ \gamma = \eta \circ \pi$ eine Folge der Bedingung, daß $(\beta, \eta)\colon \mathbf{d} \to \mathbf{d}'$ ein Morphismus ist.

(1.3.2.2) Ein Existenzsatz. Wir betrachten wieder die Situation von (1.3.2.1), nur setzen wir diesmal nicht voraus, daß die universelle λ'-Ausdehnung $(\mathbf{d}', \pi')$ der Ordnung M' von $\mathbf{D}'$ existiert, wohl aber, daß die universelle λ-Ausdehnung $(\mathbf{d}, \pi)$ der Ordnung M von $\mathbf{D}$ existiert. Wir zeigen vielmehr:

Satz. *Es sei mit den Bezeichnungen von (1.3.2.1) $N = N'$, $M = M'$, α, β und γ surjektiv, und es existiere die universelle λ-Ausdehnung $(\mathbf{d}, \pi)$ der Ordnung M von $\mathbf{D}$. Dann existiert auch die universelle λ'-Ausdehnung $(\mathbf{d}', \pi')$ der Ordnung M von $\mathbf{D}'$ und man erhält sie folgendermaßen: Sei $\mathfrak{n} = \mathrm{Ker}\,\beta$, $\mathfrak{a} = \mathrm{Ker}\,\gamma$, $\mathfrak{N} = \left(d^{0}\mathfrak{n}, \mathbf{d}\,\mathfrak{n}, \pi(\mathfrak{a}) \right)$ das von $d^{0}\mathfrak{n}$, $\mathbf{d}\,\mathfrak{n}$ und $\pi(\mathfrak{a})$ in B erzeugte Ideal, $B' = B/\mathfrak{N}$, η der kanonische Homomorphismus $\eta\colon B \to B/\mathfrak{N}$ und seien $\mathbf{d}'\colon S' \to B'$ und $\pi'\colon A' \to B'$ definiert durch: $d'^{\,m} x' = \eta\left(d^{m} \left(\beta^{-1}(x') \right) \right)$, $\pi'(a') = \eta\left(\pi \left(\gamma^{-1}(a') \right) \right)$ für* *alle $x' \in S'$, $m \in M$ und $a' \in A'$. Dann ist (d', π') die universelle λ'-Ausdehnung der Ordnung M von D'.*

Beweis. Zunächst sieht man, daß d' und π' wohldefiniert sind; denn weil $d^0 \mathfrak{n}$, $d \mathfrak{n}$ und $\pi(\mathfrak{a})$ im Kern $\mathfrak{N}$ von η liegen, ist $\eta(d^m(\beta^{-1}(x'))) = \eta(d^m(x))$ und $\eta(\pi(\gamma^{-1}(a'))) = \eta(\pi(a))$, wobei x bzw. a beliebige Urbilder von x' bzw. a' unter β bzw. γ sind, und es existieren auch stets solche Urbilder, weil β und γ nach Voraussetzung surjektiv sind. Da d eine Derivation der Ordnung M und π ein Homomorphismus ist, ist ferner d' eine Derivation der Ordnung M und π' ein Homomorphismus. Wir zeigen, daß die so definierten Abbildungen d' und π' das gewünschte leisten. Sei $x' \in R'$ und $x \in R$ ein Urbild von x' bei α. Dann gilt $\lambda'(x') = \beta \circ \lambda(x)$ und $D'^n(x') = D'^n \circ \alpha(x) = \gamma \circ D^n(x)$ für alle $n \in N$. Also hat man $d'^n \circ \lambda'(x') = \eta(d^n \circ \lambda(x)) = \eta(\pi \circ D^n(x)) = \pi' \circ D'^n(x')$, d.h. $d'^n \circ \lambda' = \pi' \circ D'^n$ für alle $n \in N$. Daher ist (d', π') eine λ'-Ausdehnung von D'. Außerdem ist B erzeugt von $\pi(A)$ und $[S, dS]$ nach $(1.2.7.2')$, also ist B' erzeugt von $\eta \circ \pi(A) = \pi'(A')$ und $\eta[S, dS] = [S', d'S']$. Somit bleibt noch die Bedingung $(1.2.7.2'')$ für (d', π') nachzuweisen:

Sei (∂', φ') eine beliebige λ'-Ausdehnung der Ordnung M von D', $\partial' : S' \to C'$. Dann ist $(\partial' \circ \beta, \varphi' \circ \gamma)$ eine λ-Ausdehnung der Ordnung M von D, denn es ist für alle $n \in N$: $\partial'^n \circ \beta \circ \lambda = \partial'^n \circ \lambda' \circ \alpha = \varphi' \circ D'^n \circ \alpha = \varphi' \circ \gamma \circ D^n$. Also existiert ein Homomorphismus $\psi : B \to C'$ mit $\partial' \circ \beta = \psi \circ d$ und $\varphi' \circ \gamma = \psi \circ \pi$. Es ist für alle $m \in M$: $\psi \circ d^m \mathfrak{n} = \partial'^m \circ \beta(\mathfrak{n}) = 0$, weil $\mathfrak{n} = \mathrm{Ker}\,\beta$ ist und $\psi \circ \mu(\mathfrak{a}) = \varphi' \circ \gamma(\mathfrak{a}) = 0$, weil $\mathfrak{a} = \mathrm{Ker}\,\gamma$ ist, also $\psi(\mathfrak{N}) = 0$. Daher induziert ψ durch die Definition $\psi'(b') = \psi(\eta^{-1}(b'))$ für alle $b' \in B'$ einen Homomorphismus $\psi' : B' \to C'$, und es gilt nach Definition: für alle $x' \in S'$, $m \in M$ und $a' \in A'$:
$$\psi' \circ d'^m(x') = \psi'(\eta(d^m(\beta^{-1}(x')))) = \psi \circ d^m(\beta^{-1}(x')) = \partial'^m \circ \beta(\beta^{-1}(x')) = \partial'^m x'$$ und $\psi' \circ \pi'(a') = \psi'(\eta(\pi(\gamma^{-1}(a')))) = \psi \circ \pi(\gamma^{-1}(a')) = \varphi' \circ \gamma(\gamma^{-1}(a')) = \varphi'(a')$, also $\partial' = \psi' \circ d'$ und $\varphi' = \psi' \circ \pi'$. q.e.d.

(1.3.2.3) Aus der Konstruktion in (1.3.2.2) sieht man, daß im Falle $N = N'$, $M = M'$, α, β und γ surjektiv auch der nach (1.3.2.1) eindeutig bestimmte Homomorphismus η surjektiv ist. Das ist die *„Rechtsexaktheit der universellen Ausdehnung"*.

Wir betrachten nun noch zwei wichtige Spezialfälle der Situation von (1.3.2.2):

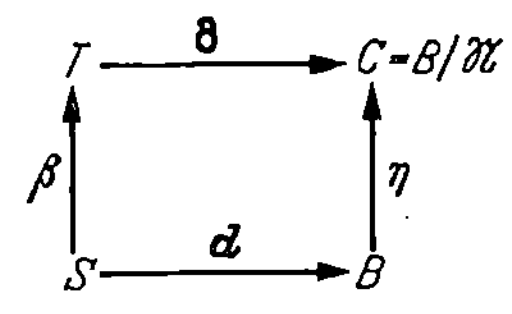

(1.3.2.4) Es sei mit den Bezeichnungen von (1.3.2.2) $R'=R=S$, $A'=A=B$, $M=N$, $\boldsymbol{D}'=\boldsymbol{D}=\boldsymbol{d}$, $\alpha=\lambda=\mathrm{id}_S$, $\pi=\gamma=\mathrm{id}_B$. Ferner setzen wir $S'=T$, $B'=C$ und $\boldsymbol{d}'=\partial$. Offenbar ist $(\boldsymbol{d}, \mathrm{id}_B)$ universelle id_S-Ausdehnung der Ordnung N von $\boldsymbol{d}$. Diese existiert also, und es folgt nach (1.3.2.2):

Satz. *Sind S, T Ringe, $\beta\colon S\to T$ ein surjektiver Ringhomomorphismus, N ein Abschnitt der nichtnegativen ganzen Zahlen. $\mathfrak{n}=\mathrm{Ker}\,\beta$, $\boldsymbol{d}\colon S\to B$ eine Derivation der Ordnung N von S, so existiert die universelle β-Ausdehnung (∂, η) der Ordnung N von $\boldsymbol{d}$ und man erhält sie folgendermaßen:*

Sei $\mathfrak{N}$ das von $\boldsymbol{d}^0\mathfrak{n}$ und $\boldsymbol{d}\mathfrak{n}$ in B erzeugte Ideal, $C=B/\mathfrak{N}$. Dann ist η der kanonische Homomorphismus von B auf $B/\mathfrak{N}$ und $\partial^n x=\eta\circ\boldsymbol{d}^n\bigl(\beta^{-1}(x)\bigr)$ für alle $x\in T$, $n\in N$.

Anmerkung. Ist $\{f_i\,|\,i\in I\}$ ein Erzeugendensystem von $\mathfrak{n}$ als S-Ideal, so ist $\{\boldsymbol{d}^n f_i\,|\,n\in N,\ i\in I\}$ ein Erzeugendensystem von $\mathfrak{N}$ als B-Ideal.

Beweis. Nach Definition von $\mathfrak{N}$ liegen die angegebenen Elemente in $\mathfrak{N}$. Umgekehrt hat ein beliebiges Erzeugendes von $\mathfrak{N}$ die Gestalt

$$\boldsymbol{d}^n\left(\sum_{i\in I} x_i\cdot f_i + m_i f_i\right) = \sum_{\substack{i\in I\\ j+k=n}} \boldsymbol{d}^j\, x_i\cdot \boldsymbol{d}^k f_i + m_i\,\boldsymbol{d}^n f_i,\quad x_i\in S,\ m_i\in\mathbb{Z},\ \text{also liegt}$$

es in dem von $\{\boldsymbol{d}^n f_i\,|\,n\in N,\ i\in I\}$ erzeugten B-Ideal.

(1.3.2.5) Universelle Ausdehnung einer Spezialisierung.

Es sei mit den Bezeichnungen von (1.3.2.2) $R'=R$, $S'=S$, $\lambda'=\lambda$, $\alpha=\mathrm{id}_R$, $\beta=\mathrm{id}_S$, γ surjektiv. Die Anwendung von (1.3.2.2) liefert den folgenden Satz:

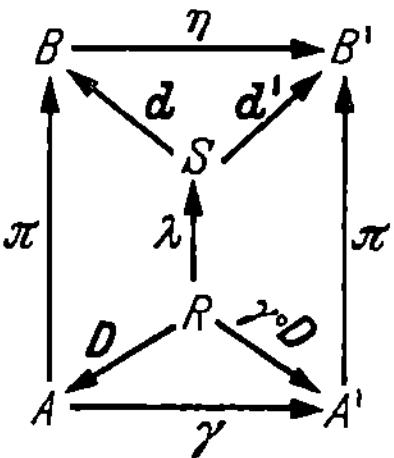

Satz. *Seien R, S Ringe, $\lambda\colon R\to S$ ein Ringhomomorphismus, $N\subseteq M$ Abschnitte der nichtnegativen ganzen Zahlen, $\boldsymbol{D}\colon R\to A$ eine Derivation der Ordnung N von R, $\gamma\colon A\to A'$ ein surjektiver Ringhomomorphismus, $(\boldsymbol{d}, \pi)$ die universelle λ-Ausdehnung der Ordnung M von $\boldsymbol{D}$, $\boldsymbol{d}\colon S\to B$. Dann existiert die universelle λ-Ausdehnung $(\boldsymbol{d}', \pi')$ der Ordnung M von $\gamma\circ\boldsymbol{D}$ und man erhält sie folgendermaßen:*

Sei $\mathfrak{a} = \operatorname{Ker} \gamma$, $\mathfrak{N}$ *das von* $\pi(\mathfrak{a})$ *in B erzeugte Ideal, $B' = B/\mathfrak{N}$, η der kanonische Homomorphismus von B auf $B/\mathfrak{N}$. Dann ist* $\boldsymbol{d}' = \eta \circ \boldsymbol{d}$ *und* $\pi'(a') = \eta \circ \pi\big(\gamma^{-1}(a')\big)$ *für alle* $a' \in A'$.

(1.3.3) Direkte Limiten von Derivationen.

(1.3.3.1) Es seien I eine (teilweise) geordnete nach oben gerichtete Indexmenge, $\mathfrak{N} = \{R_i, \alpha_i^j \mid i \leq j, \ i, j \in I\}$ und $\mathfrak{A} = \{A_i, \gamma_i^j \mid i \leq j, \ i, j \in I\}$ direkte Systeme von Ringen R_i bzw. A_i, wobei $\alpha_i^j \colon R_i \to R_j$ und $\gamma_i^j \colon A_i \to A_j$ für alle $i \leq j$ Ringhomomorphismen sind. Sei ferner $\mathfrak{D} = \{\boldsymbol{D}_i \mid i \in I\}$ eine Familie von Derivationen $\boldsymbol{D}_i$ der Ordnung N_i von R_i in A_i, wobei wir voraussetzen, daß für alle $i \leq j$ $N_i \subseteq N_j$ ist und $(\alpha_i^j, \gamma_i^j) \colon \boldsymbol{D}_i \to \boldsymbol{D}_j$ ein Morphismus von Derivationen ist.

Seien ferner $(R, \alpha_i) = \varinjlim \mathfrak{N}$ und $(A, \gamma_i) = \varinjlim \mathfrak{A}$ die direkten Limiten der Systeme $\mathfrak{N}$ und $\mathfrak{A}$, wobei wir mit R bzw. A die Ringe und mit α_i bzw. γ_i die zugehörigen Ringhomomorphismen von R_i bzw. A_i in R bzw. A bezeichnen. Es ist dann für alle $i \leq j$ $\alpha_i = \alpha_j \circ \alpha_i^j$, $\gamma_i = \gamma_j \circ \gamma_i^j$. Ist ferner T ein Ring $\{\varepsilon_i \mid i \in I\}$ ein System von Ringhomomorphismen $\varepsilon_i \colon R_i \to T$ mit $\varepsilon_i = \varepsilon_j \circ \alpha_i^j$ so gibt es genau einen Ringhomomorphismus $\vartheta \colon R \to T$ mit $\varepsilon_i = \vartheta \circ \alpha_i$ für alle $i \in I$. Man hat dann $R = \bigcup_{i \in I} \alpha_i(R_i)$ und $\operatorname{Ker} \alpha_i = \bigcup_{i \leq j} \operatorname{Ker} \alpha_i^j$. Analoges gilt für (A, γ_i).

Es sei $N = \bigcup_{i \in I} N_i$. Wir definieren eine Derivation $\boldsymbol{D} \colon R \to A$ der Ordnung N folgendermaßen: Sei $\boldsymbol{D} = \{D^n \mid n \in N\}$, wobei für alle $n \in N$ und $x \in R$ $D^n x$ so definiert wird. Es sei $i \in I$ so daß es ein $y \in R_i$ gibt mit $\alpha_i(y) = x$ und $j \in I$ so daß $n \in N_j$ gilt. Da nach Voraussetzung I nach oben gerichtet ist, gibt es dann ein $k \in I$ mit $k \geq i$ und $k \geq j$. Wir setzen $D^n x \underset{\text{Def}}{=} \gamma_k \circ D_k^n \circ \alpha_i^k(y)$. Diese Definition ist unabhängig von der Wahl von i, y, j, k. Ist nämlich auch $x = \alpha_{i'}(y')$, $n \in N_{j'}$ und $k' \geq i'$, j', so wähle man ein $r' \in I$ mit $r' \geq i$, i', j, j', k, k'. Es sei dann $\alpha_{r'} \circ \alpha_i^{r'}(y) = \alpha_i(y) = x = \alpha_{i'}(y') = \alpha_{r'} \circ \alpha_{i'}^{r'}(y')$. $\alpha_i^{r'}(y) - \alpha_{i'}^{r'}(y')$ liegt also im Kern von $\alpha_{r'}$ und daher auch im Kern von $\alpha_{r'}^r$ für ein passendes $r \in I$, $r \geq r'$. Also ist $\alpha_i^r(y) = \alpha_{r'}^r\big(\alpha_i^{r'}(y)\big) = \alpha_{r'}^r\big(\alpha_{i'}^{r'}(y')\big) = \alpha_{i'}^r(y')$.

Es ist dann: $\gamma_k \circ D_k^n \circ \alpha_i^k(y) = \gamma_r \circ \gamma_k^r \circ D_k^n \circ \alpha_i^k(y) = \gamma_r \circ D_r^n \circ \alpha_k^r \circ \alpha_i^k(y) = \gamma_r \circ D_r^n\big(\alpha_i^r(y)\big) = \gamma_r \circ D_r^n\big(\alpha_{i'}^r(y')\big) = \gamma_r \circ D_r^n \circ \alpha_{k'}^r \circ \alpha_{i'}^{k'}(y') = \gamma_r \circ \gamma_{k'}^r \circ D_{k'}^n \circ \alpha_{i'}^{k'}(y') = \gamma_{k'} \circ D_{k'}^n \circ \alpha_{i'}^{k'}(y')$. q.e.d.

Bezeichnung. $\boldsymbol{D} = \varinjlim \mathfrak{D}$. Man verifiziert leicht, daß $\boldsymbol{D}$ eine Derivation der Ordnung N von R ist.

(1.3.3.2) Mit den in (1.3.3.1) eingeführten Bezeichnungen und Voraussetzungen sei $\mathfrak{S} = \{S_i, \beta_i^j \mid i \leq j, \ i, j \in I\}$ ein weiteres direktes

System und $\lambda = \{\lambda_i \mid i \in I\}$ ein Morphismus direkter Systeme $\mathfrak{R} \to \mathfrak{S}$, d.h. $\lambda_i\colon R_i \to S_i$ Ringhomomorphismen, so daß für alle $i \leq j$ gilt $\beta_i^j \circ \lambda_i = \lambda_j \circ \alpha_i^j$. Seien ferner für alle $i \in I$ M_i Abschnitte der nichtnegativen ganzen Zahlen mit $M_i \geq N_i$ und $(\boldsymbol{d}_i, \pi_i)$ die universelle λ_i-Ausdehnung der Ordnung M_i von $\boldsymbol{D}_i$, $\boldsymbol{d}_i\colon S_i \to B_i$. Für jedes $i \leq j$ gibt es nach (1.3.2.1) genau einen Ringhomomorphismus $\eta_i^j\colon B_i \to B_j$ so daß (β_i^j, η_i^j) ein Morphismus von $\boldsymbol{d}_i$ in $\boldsymbol{d}_j$ ist und zusätzlich noch gilt $\pi_j \circ \gamma_i^j = \eta_i^j \circ \pi_i$. Für $i \leq j \leq k$ ist dann nach (1.1.9.3) $(\beta_j^k \circ \beta_i^j, \eta_j^k \circ \eta_i^k) = (\beta_i^k, \eta_j^k \circ \eta_i^k)$ ein Morphismus $\boldsymbol{d}_i \to \boldsymbol{d}_k$ und es gilt auch $\pi_k \circ \gamma_i^k = \pi_k \circ \gamma_j^k \circ \gamma_i^j = \eta_j^k \circ \pi_j \circ \gamma_i^j = \eta_j^k \circ \eta_i^j \circ \pi_i$. Da η_i^k durch diese Eigenschaften eindeutig bestimmt ist, folgt $\eta_i^k = \eta_j^k \circ \eta_i^j$, d.h. $\mathfrak{B} \underset{\text{Def}}{=} \{B_i, \eta_i^j\}$ ist ein direktes System, und $\{\pi_i\}$ ist ein Morphismus direkter Systeme $\mathfrak{A} \to \mathfrak{B}$. Sei $(B, \eta_i) = \varinjlim \mathfrak{B}$.

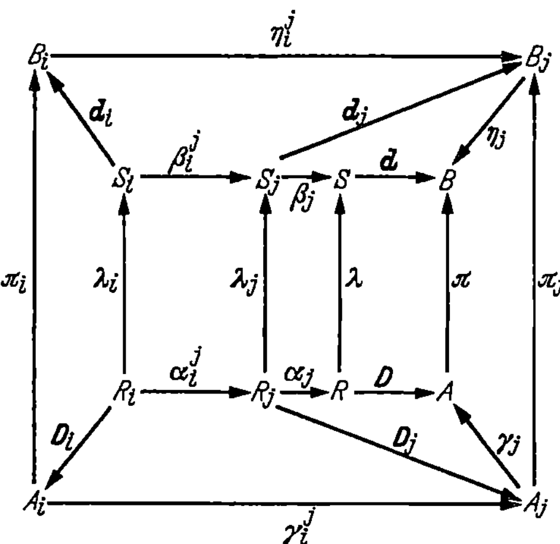

Zu den Morphismen direkter Systeme $\{\lambda_i\}$ bzw. $\{\pi_i\}$ existiert nach der Funktoreigenschaft des direkten Limes genau ein Homomorphismus $\lambda\colon R \to S$ bzw. $\pi\colon A \to B$ mit $\lambda \circ \alpha_i = \beta_i \circ \lambda_i$ bzw. $\pi \circ \gamma_i = \eta_i \circ \pi_i$ für alle $i \in I$, der mit $\lambda = \varinjlim \{\lambda_i\}$ bzw. $\pi = \varinjlim \{\pi_i\}$ bezeichnet wird. Sei ferner $\boldsymbol{d} = \lim \{\boldsymbol{d}_i\}$ (bezüglich der Morphismen (β_i^j, η_i^j)), $M = \bigcup_{i \in I} M_i$. Wir zeigen:

$(\boldsymbol{d}, \pi)$ *ist die universelle λ-Ausdehnung der Ordnung M von $\boldsymbol{D}$.*

Beweis. Zunächst ist nach (1.3.3.1) $\boldsymbol{d}$ eine Derivation der Ordnung M von S in B. B_i ist nach (1.2.7.2') erzeugt von $\pi_i(A_i)$ und $[S_i, \boldsymbol{d}_i S_i]$. Also ist $B = \bigcup_{i \in I} \eta_i(B_i)$ erzeugt von $\bigcup_{i \in I} \eta_i \circ \pi_i(A_i) = \bigcup_{i \in I} \pi \circ \gamma_i(A_i) = \pi(A)$ und von $\bigcup_{i \in I} \eta_i([S_i, \boldsymbol{d}_i S_i]) = \bigcup_{i \in I} [S, \boldsymbol{d} \circ \beta_i(S_i)] =$

$[S, dS]$. Ferner ist für alle $n \in N$ und $x \in R$:

$$d^n \circ \lambda(x) = d^n \circ \lambda \circ \alpha_i(y) = d^n \circ \beta_i \circ \lambda_i(y) = \eta_i \circ d_i^n \circ \lambda_i(y)$$
$$= \eta_i \circ \pi_i \circ D_i^n(y) = \pi \circ \gamma_i \circ D_i^n(y) = \pi \circ D^n \circ \alpha_i(y) = \pi \circ D^n x,$$

wobei $i \in I$ und $y \in R_i$ mit $\alpha_i(y) = x$ passend gewählt sind. Also ist für alle $n \in N$: $d^n \circ \lambda = \pi \circ D^n$, d.h. (d, π) ist eine λ-Ausdehnung der Ordnung M von D. Bleibt noch Eigenschaft $(1.2.7.2'')$ für (d, π) nachzuweisen:

Sei (∂, φ) eine beliebige λ-Ausdehnung der Ordnung M von D, $\partial: S \to C$. Dann ist $((\partial \circ \beta_i)_{M|M_i}, \varphi \circ \gamma_i)$ eine λ_i-Ausdehnung der Ordnung M_i von D_i. Daher gibt es genau einen Homomorphismus $\psi_i: B_i \to C$ mit $\partial^m \circ \beta_i = \psi_i \circ d_i^m$ für alle $m \in M_i$ und $\varphi \circ \gamma_i = \psi_i \circ \pi_i$. Für $i \leq j$, $m \in M_i$ ist dann $\psi_j \circ \eta_i^j \circ d_i^m = \psi_j \circ d_j^m \circ \beta_i^j = \partial^m \circ \beta_j \circ \beta_i^j = \partial^m \circ \beta_i$ und $\psi_j \circ \eta_i^j \circ \pi_i = \psi_j \circ \pi_j \circ \gamma_i^j = \varphi \circ \gamma_j \circ \gamma_i^j = \varphi \circ \gamma_i$. Wegen der eindeutigen Bestimmtheit von ψ_i durch diese Eigenschaften folgt $\psi_j \circ \eta_i^j = \psi_i$. Also gibt es nach der universellen Eigenschaft der direkten Limes (genau) ein $\psi: B \to C$ mit $\psi_i = \psi \circ \eta_i$ für alle $i \in I$. Es ist dann für $m \in M$ und $x \in S$: $\psi \circ d^m x = \psi \circ d^m \circ \beta_i(y) = \psi \circ \eta_i \circ d_i^m(y) = \psi_i \circ d_i^m(y) = \partial^m \circ \beta_i(y) = \partial^m x$ und $\psi \circ \pi(a) = \psi \circ \pi \circ \gamma_j(a') = \psi \circ \eta_j \circ \pi_j(a') = \psi_j \circ \pi_j(a') = \varphi \circ \gamma_j(a') = \varphi(a)$, wobei $i, j \in I$, $y \in S_i$ und $a' \in A_i$ passend gewählt sind. Also gilt $\partial = \psi \circ d$ und $\varphi = \psi \circ \pi$.   q.e.d.

$(1.3.3.3)$ *Ist I' kofinal in I und für alle $i \in I'$ (d_i, π_i) treue Ausdehnung von D_i, so ist auch (d, π) treue Ausdehnung von D.*

Beweis. Es ist zu zeigen, daß aus Ker $\pi_i = 0$ für alle $i \in I'$ folgt Ker $(\varinjlim \{\pi_i\}) = 0$. Sei $a \in \mathrm{Ker}\,(\varinjlim \{\pi_i\})$. Wähle ein $i \in I$ und ein $a' \in A_i$ mit $a = \gamma_i(a')$. Dann ist $0 = \pi(a) = \eta_i \circ \pi_i(a')$, also für ein passendes $j \in I'$, $j \geq i$: $0 = \eta_i^j \circ \pi_i(a') = \pi_j(\gamma_i^j(a'))$. Da π_j nach Voraussetzung injektiv ist, folgt $\gamma_i^j(a') = 0$ und somit auch $a = \gamma_i(a') = \gamma_j \circ \gamma_i^j(a') = 0$. q.e.d.

$(1.3.3.4)$ *Ist I' kofinal in I und für alle $i \in I'$ (d_i, π_i) tensorielle λ_i-Ausdehnung von D_i, so ist auch (d, π) tensorielle λ-Ausdehnung von D.*

Beweis. Es sei für alle $i \in I$ (σ_i, τ_i) universelle λ_i-Erweiterung von D_i^0 und $\theta_i: S_i *_{\lambda_i} A_i \to B_i$ der zu der λ_i-Erweiterung (d_i^0, π_i) von D_i^0 gehörige Homomorphismus. Also ist θ_i der kanonische Homomorphismus der universellen λ_i-Ausdehnung $(\{\sigma_i\}, \tau_i)$ der Ordnung $\{0\}$ von $\{D_i^0\}$, der zu der λ_i-Ausdehnung $(\{d_i^0\}, \pi_i)$ der Ordnung $\{0\}$ von $\{D_i^0\}$ gehört. Ist ferner (σ, τ) universelle λ-Erweiterung von D^0 und $\theta: S *_\lambda A \to B$ der zu der λ-Erweiterung (d^0, π) von D^0 gehörige kanonische Homomorphismus, so ist also θ der kanonische Homomorphismus der universellen λ-Ausdehnung $(\{\sigma\}, \tau)$ der Ordnung $\{0\}$ von $\{D^0\}$, der zu der λ-Ausdehnung $(\{d^0\}, \pi)$ der Ordnung $\{0\}$ von $\{D^0\}$ gehört. Nach (1.3.3.2) ist dann bezüglich der dort erklärten Abbildungen $\theta = \lim \{\theta_i\}$. Da nach Voraussetzung alle θ_i mit $i \in I'$ injektiv sind, ist nach denselben Überlegungen wie in (1.3.3.3) auch θ injektiv.

q.e.d.

1.4. Existenz und Konstruktion der universellen Ausdehnung gleicher Ordnung

(1.4.1) Ein nichtunitärer Polynomring.

Es sei P ein Ring, I eine Indexmenge, $\mathfrak{Y} = \{Y_i \mid i \in I\}$ eine Familie unabhängiger Unbestimmter. P ist in natürlicher Weise eine $\mathbb{Z}$-Algebra ($\mathbb{Z}$ der Ring der ganzen rationalen Zahlen). Sei $P' = [\mathbb{Z}; P]$ wie in (1.1.1) definiert und $P'[\mathfrak{Y}]$ der gewöhnliche Polynomring in den Unbestimmten Y_i über P'. Wir fassen in natürlicher Weise P und $\mathbb{Z}$ als Unterringe von P' und P' als Unterring von $P'[\mathfrak{Y}]$ auf. P' und $P'[\mathfrak{Y}]$ sind unitär mit dem Einselement $1 \in \mathbb{Z}$. Wir definieren:

(1.4.1.1) $P\lceil\mathfrak{Y}\rfloor$ *ist der von P und der Menge $\mathfrak{Y}$ in $P'[\mathfrak{Y}]$ erzeugte Unterring.* Jedes Element $f(Y)$ von $P\lceil\mathfrak{Y}\rfloor$ besitzt dann eine Darstellung der Form

$$f(Y) = \sum_{\substack{\nu_1, \ldots, \nu_r \\ m_{0, \ldots, 0} = 0}} (c_{\nu_1, \ldots, \nu_r} + m_{\nu_1, \ldots, \nu_r}) \cdot Y_{i_1}^{\nu_1} \cdots Y_{i_r}^{\nu_r} \quad \text{mit} \quad c_{\nu_1, \ldots, \nu_r} \in P, \, m_{\nu_1, \ldots, \nu_r} \in \mathbb{Z},$$

$i_1, \ldots, i_r \in I$ paarweise verschieden, $\nu_1, \ldots, \nu_r$ nichtnegative ganze Zahlen. Dabei sind die $c_{\nu_1, \ldots, \nu_r}$ und $m_{\nu_1, \ldots, \nu_r}$ durch $f(Y)$ eindeutig bestimmt und nur endlich viele von Null verschieden. Ferner stellt jeder Ausdruck dieser Form ein Element von $P\lceil\mathfrak{Y}\rfloor$ dar. Auch wenn P unitär mit Einselement e ist, ist $P\lceil\mathfrak{Y}\rfloor$ nicht unitär, falls nicht $I = \emptyset$ ist, denn es ist $e \cdot Y_i \neq Y_i$ für alle $i \in I$ und auch kein anderes Element von $P\lceil\mathfrak{Y}\rfloor$ ist Einselement. Man erhält aber in diesem Falle den gewöhnlichen unitären Polynomring $P[\mathfrak{Y}]$ als Restklassenring von $P\lceil\mathfrak{Y}\rfloor$ nach dem von $\{Y_i - e \cdot Y_i \mid i \in I\}$ erzeugten Ideal. $P\lceil\mathfrak{Y}\rfloor$ besitzt die vom gewöhnlichen Polynomring für unitäre Ringhomomorphismen geläufige universelle Abbildungseigenschaft:

(1.4.1.2) *Ist T ein weiterer Ring, $\mu\colon P \to T$ ein Ringhomomorphismus, und ist $\{y_i \mid i \in I\}$ eine Familie von Elementen $y_i \in T$, so gibt es genau einen Ringhomomorphismus* $\mathsf{M}\colon P\lceil\mathfrak{Y}\rfloor \to T$ *mit* $\mathsf{M}|_P = \mu$ *und* $\mathsf{M}(Y_i) = y_i$ *für alle $i \in I$.*

Beweis. Durch die Definition $\mu'(m, x) = (m, \mu(x))$ induziert μ einen unitären Ringhomomorphismus μ': $P' \to T' = [\mathbb{Z}; T]$. Also gibt es genau einen Ringhomomorphismus M': $P'[\mathfrak{Y}] \to T'$ mit $M'|_{P'} = \mu'$ und $M'(Y_i) = (0, y_i)$ für alle $i \in I$. Die Einschränkung von M' auf den Definitionsbereich $P[\mathfrak{Y}]$ und den Bildbereich T ist die gesuchte Abbildung M. Da P und $\{Y_i\}$ den Ring $P[\mathfrak{Y}]$ erzeugen, ist M durch die angegebenen Eigenschaften auch eindeutig bestimmt. q.e.d.

(1.4.2) Universelle Ausdehnung gleicher Ordnung auf einen Polynomring.

(1.4.2.1) *Es sei R ein Ring, $\boldsymbol{D}$ eine Derivation von R in einen Ring A, N die Ordnung von $\boldsymbol{D}$, $\mathfrak{X} = \{X_i \mid i \in I\}$ ein System unabhängiger Unbestimmter, $S = R[\mathfrak{X}]$ in der Definition von (1.4.1), $\lambda: R \to S$ die Inklusionsabbildung. Dann existiert die universelle λ-Ausdehnung $(\boldsymbol{d}, \pi)$ der Ordnung N von $\boldsymbol{D}$, und man erhält sie folgendermaßen:*

Für alle $i \in I$ und $n \in N$ sei $d^n X_i$ eine neue Unbestimmte. Es sei $B = A[\{d^n X_i \mid i \in I, n \in N\}]$ der mit diesen Unbestimmten gebildete Polynomring über A im Sinne von (1.4.1). Dann ist π die Inklusionsabbildung von A in den Polynomring über A und $\boldsymbol{d} = \{d^n \mid n \in N\}$ ist definiert durch: d^n ist eine lineare Abbildung, $d^n|_R = \pi \circ D^n$ und

$$d^n\big((y+m) \cdot X_{i_1}^{\nu_1} \ldots X_{i_r}^{\nu_r}\big)$$
$$= \sum_{\substack{i + i_{1,1} + \cdots + i_{1,\nu_1} + \\ \cdots\cdots\cdots\cdots\cdots \\ + i_{r,1} + \cdots + i_{r,\nu_r} = n}} D^i(y+m) \cdot d^{i_{1,1}} X_{i_1} \cdots d^{i_{1,\nu_1}} X_{i_1} \cdots d^{i_{r,1}} X_{i_r} \cdots d^{i_{r,\nu_r}} X_{i_r}$$

für alle $n \in N$, $y \in R$, $m \in \mathbb{Z}$, $i_1, \ldots, i_r \in I$ und nichtnegative ganze Zahlen $\nu_1, \ldots, \nu_r$, wobei für $i \geq 1$ $D^i(y+m) = D^i(y)$ und $D^0(y+m) = D^0(y) + m$ zu setzen ist.

$(\boldsymbol{d}, \pi)$ ist treue und tensorielle λ-Ausdehnung von $\boldsymbol{D}$.

Beweis. Da sich jedes Element von S mit eindeutig bestimmten Koeffizienten $y + m$ als Summe von Elementen der Form $(y+m) \cdot X_{i_1}^{\nu_1} \ldots X_{i_r}^{\nu_r}$, wobei die $i_1, \ldots, i_r$ paarweise verschieden sind, schreiben läßt, ist d^n als lineare Abbildung durch die obigen Festsetzungen wohldefiniert. Die Summenregel gilt trivialerweise. Nachweis der Produktregel: Sei

$$f = \sum (c_{\nu_1, \ldots, \nu_r} + m_{\nu_1, \ldots, \nu_r}) \cdot X_{i_1}^{\nu_1} \cdots X_{i_r}^{\nu_r}, \quad g = \sum (b_{\mu_1, \ldots, \mu_r} + l_{\mu_1, \ldots, \mu_r}) \cdot X_{i_1}^{\mu_1} \cdots X_{i_r}^{\mu_r}.$$

Dann ist

$$f \cdot g = \sum (c_{\nu_1, \ldots, \nu_r} + m_{\nu_1, \ldots, \nu_r}) \cdot (b_{\mu_1, \ldots, \mu_r} + l_{\mu_1, \ldots, \mu_r}) \cdot X_{i_1}^{\nu_1 + \mu_1} \cdots X_{i_r}^{\nu_r + \mu_r},$$

also

$$D^n(f \cdot g) = \sum_{i+i_{1,1}+\cdots+i_{r,\nu_r+\mu_r}=n} D^i\big((c_{\nu_1,\ldots,\nu_r}+m_{\nu_1,\ldots,\nu_r})\cdot(b_{\mu_1,\ldots,\mu_r}+l_{\mu_1,\ldots,\mu_r})\big)\cdot$$
$$\cdot\, d^{i_{1,1}}X_{i_1}\cdots d^{i_{1,\nu_1+\mu_1}}X_{i_1}\cdots d^{i_{r,1}}X_{i_r}\cdots d^{i_{r,\nu_r+\mu_r}}X_{i_r}.$$
$$= \sum_{i_1+i_2+i_{1,1}+\cdots+i_{r,\nu_r+\mu_r}=n} D^{i_1}(c_{\nu_1,\ldots,\nu_r}+m_{\nu_1,\ldots,\nu_r})\cdot D^{i_2}(b_{\mu_1,\ldots,\mu_r}+l_{\mu_1,\ldots,\mu_r})\cdot$$
$$\cdot\, d^{i_{1,1}}X_{i_1}\cdots d^{i_{1,\nu_1+\mu_1}}X_{i_1}\cdots d^{i_{r,1}}X_{i_r}\cdots d^{i_{r,\nu_r+\mu_r}}X_{i_r}.$$

Andererseits ist

$$\sum_{j+k=n} D^j f\cdot D^k g = \sum_{\substack{i_1+i_{1,1}+\cdots+i_{r,\nu_r}+\\+i_2+k_{1,1}+\cdots+k_{r,\mu_r}=n}} D^{i_1}(c_{\nu_1,\ldots,\nu_r}+m_{\nu_1,\ldots,\nu_r})\cdot$$
$$\cdot\, d^{i_{1,1}}X_{i_1}\cdots d^{i_{r,\nu_r}}X_{i_r}\cdot D^{i_2}(b_{\mu_1,\ldots,\mu_r}+l_{\mu_1,\ldots,\mu_r})\cdot d^{k_{1,1}}X_{i_1}\cdots d^{k_{r,\mu_r}}X_{i_r}.$$

Das ist dasselbe wie $D^n(f\cdot g)$, wie man durch Vergleich mit dem oben gewonnenen Ausdruck nach der Umbezeichnung:

$$k_{1,1}=i_{1,\nu_1+1},\ \ldots,\ k_{1,\mu_1}=i_{1,\nu_1+\mu_1},$$
$$\cdots\cdots\cdots\cdots\cdots\cdots\cdots\cdots$$
$$k_{r,1}=i_{r,\nu_r+1},\ \ldots,\ k_{r,\mu_r}=i_{r,\nu_r+\mu_r}$$

sieht. Also ist d eine Derivation der Ordnung N von S in B. Ferner ist nach Konstruktion $d\circ\lambda=\pi\circ D$ und B erzeugt von $\pi(A)$ und $[S, dS]$. Ist (∂, φ) eine beliebige λ-Ausdehnung der Ordnung N von D, $\partial: S\to C$, so gibt es nach (1.4.1.2) (genau) einen Homomorphismus $\psi: B\to C$ mit $\psi|_A=\varphi$ und $\psi(d^n X_i)=\partial^n X_i$ für alle $n\in N$ und $i\in I$. Es ist dann $\partial=\psi\circ d$ und $\varphi=\psi\circ\pi$, also ist (d, π) universelle λ-Ausdehnung der Ordnung N von D. Ferner ist (d, π) treue Ausdehnung von D, da π als Inklusionsabbildung injektiv ist. Wendet man das soeben gezeigte auf den Spezialfall der Derivation $\{D^0\}$ der Ordnung $\{0\}$ an, so ergibt sich, daß die universelle λ-Erweiterung (σ, τ) von D^0 so konstruiert werden kann: Es ist $S *_\lambda A = A\lceil\{d^0 X_i\,|\,i\in I\}\rfloor$, τ die Inklusionsabbildung $A\to A\lceil\{d^0 X_i\}\rfloor$ und σ der eindeutig bestimmte Ringhomomorphismus von S in $S *_\lambda A$ mit $\sigma|_R=\tau\circ D^0$ und $\sigma(X_i)=d^0 X_i$ für alle $i\in I$. Der zugehörige kanonische Homomorphismus $\theta: S *_\lambda A\to B$ ist dann die Inklusionsabbildung des Unterrings $A\lceil\{d^0 X_i\}\rfloor$ in den Polynomring B; denn diese hat die charakterisierenden Eigenschaften $d^0=\theta\circ\sigma$ und $\pi=\theta\circ\tau$. θ ist injektiv, also ist (d, π) tensorielle λ-Ausdehnung von D.   q.e.d.

(1.4.2.2) *Ist R ein unitärer Ring mit Einselement e und D eine Derivation von R in einen unitären Ring A, so daß $D^0 e$ Einselement von A ist* (z. B. wenn $A=[R, DR]$ ist nach (1.1.7)), *so gelten die*

Ausführungen von (1.4.2.1) wörtlich, wenn man überall den gewöhnlichen unitären Polynomring statt des nicht unitären setzt. Die in (1.4.2.1) auftretende ganze Zahl m kann man dann natürlich weglassen.

(1.4.3) Existenz und Konstruktion der universellen Ausdehnung gleicher Ordnung im allgemeinen Fall.

Da sich jeder Ring als Restklassenring eines (im allgemeinen nicht unitären) Polynomrings darstellen läßt, erhält man aus (1.4.2) und (1.3.2.4) unter Beachtung von (1.3.1.1) den folgenden allgemeinen Existenzsatz, der zugleich ein brauchbares Mittel zur Konstruktion der universellen Ausdehnung in konkreten Fällen liefert:

(1.4.3.1) Es seien R, T Ringe, $v: R \to T$ ein Ringhomomorphismus, $\mathbf{D}: R \to A$ eine Derivation von R in einen Ring A, N die Ordnung von $\mathbf{D}$. Dann existiert die universelle v-Ausdehnung (∂, χ) der Ordnung N von $\mathbf{D}$ und man erhält sie folgendermaßen: Man wähle ein System $\{x_i \mid i \in I\}$ von Elementen $x_i \in T$, so daß T als Ring von $v(R)$ und der Menge $\{x_i \mid i \in I\}$ erzeugt wird: $T = [v(R), \{x_i\}]$, und zu jedem $i \in I$ eine Unbestimmte X_i. Ferner sei

a) im allgemeinen Fall $S = R\lceil\{X_i \mid i \in I\}\rfloor$,

b) falls R unitär mit Einselement e ist, $v(e)$ Einselement von T und $\mathbf{D}^0 e$ Einselement von A ist, $S = [\{X_i \mid i \in I\}]$,

$\lambda: R \to S$ die Inklusionsabbildung und $\beta: S \to T$ der eindeutig bestimmte Ringhomomorphismus mit $\beta|_R = v$ und $\beta(X_i) = x_i$ für alle $i \in I$. Dann ist β surjektiv und $v = \beta \circ \lambda$.

Sei $\mathfrak{n} = \operatorname{Ker} \beta$ und $\{f_k \mid k \in K\}$ ein Erzeugendensystem von $\mathfrak{n}$ als Ideal in S. Man bilde nach (1.4.2) die universelle λ-Ausdehnung $(\mathbf{d}, \pi)$ der Ordnung N von $\mathbf{D}$, $\mathbf{d}: S \to B$ mit $B = A\lceil\{d^n X_i \mid i \in I,\ n \in N\}\rfloor$ im Fall a) und $B = A[\{d^n X_i \mid i \in I,\ n \in N\}]$ im Fall b).

Sei $\mathfrak{M}$ das von $\{d^n f_k \mid k \in K,\ n \in N\}$ in B erzeugte Ideal und η der kanonische Homomorphismus $\eta: B \to B/\mathfrak{M} \underset{\text{Def}}{=} C$. Dann ist nach (1.3.1.1) *und* (1.3.2.4) $\partial = \eta \circ \mathbf{d} \circ \beta^{-1}$ *und* $\chi = \eta \circ \pi$.

(1.4.3.2) Oft ist es zweckmäßig, den Homomorphismus η in zwei Schritte zu zerlegen: *Sei $\Gamma: B \to B/(d^0 \mathfrak{n}) \underset{\text{Def}}{=} \Sigma$ der kanonische Homomorphismus auf den Restklassenring, $\Delta = \Gamma \circ \mathbf{d}$, so ist Δ eine Derivation der Ordnung N von S und $\Sigma = \Sigma'\lceil\{\Delta^n X_i \mid i \in I,\ n \in N,\ n \neq 0\}\rfloor$ im Fall a) bzw. $\Sigma = \Sigma'[\{\Delta^n X_i \mid i \in I,\ n \in N,\ n \neq 0\}]$ im Falle b), wobei $\Delta^n X_i$ neue Unbestimmte sind, $\Gamma(d^n X_i) = \Delta^n X_i$ für alle $i \in I$, $n \neq 0$, und $\Sigma' = A\lceil\{d^0 X_i \mid i \in I\}\rfloor/(d^0 \mathfrak{n})$ bzw. $\Sigma' = A[\{d^0 X_i \mid i \in I\}]/(d^0 \mathfrak{n})$.*

Nach (1.4.2), (1.3.2.4) *im Spezialfall von Derivationen der Ordnung* $\{0\}$ *und* (1.3.1.2) *sieht man ferner, daß* $\Sigma' = T *_{\nu} A$ *ist, wobei die kanonischen Homomorphismen* $\sigma\colon T \to T *_{\nu} A$ *und* $\tau\colon A \to T *_{\nu} A$ *auf die dort angegebene Weise konstruiert werden.*

Sei $\mathfrak{M}$ *das von* $\{\Delta^n f_k \mid k \in \mathsf{K},\ n \in N,\ n \neq 0\}$ *in* Σ *erzeugte Ideal,* Φ *der kanonische Homomorphismus* $\Phi\colon \Sigma \to \Sigma/\mathfrak{M}$. *Dann ist die in* (1.4.3.1) *erklärte Abbildung* $\eta = \Phi \circ \Gamma$. *Bezeichnet ferner* θ *den kanonischen Homomorphismus* $T *_{\nu} A \to C$ *nach* (1.2.9) *und* Ξ *die Inklusionsabbildung von* $T *_{\nu} A = \Sigma'$ *in den Polynomring* Σ *über* Σ', *so ist* $\theta = \Phi \circ \Xi$ *und* $\Gamma \circ \pi = \Xi \circ \tau$, *so daß man das folgende kommutative Diagramm kanonischer Homomorphismen und Derivationen hat:*

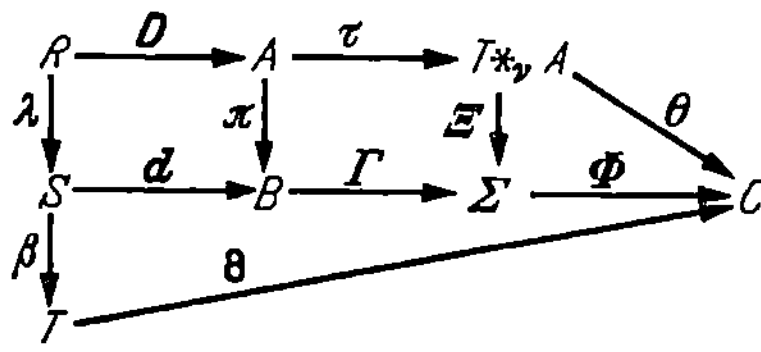

Es folgt daraus sofort:

(1.4.3.3) (∂, χ) *ist tensorielle* λ-*Ausdehnung von* $\boldsymbol{D}$, *genau dann, wenn* $\mathfrak{M} \cap T *_{\nu} A = (0)$ *gilt* $\left(\text{in } \Sigma;\ \text{d.h. } \Xi^{-1}(\mathfrak{M}) = (0)\right)$.

(1.4.3.4) (∂, χ) *ist treue Ausdehnung von* $\boldsymbol{D}$ *genau dann wenn gilt:* $\mathfrak{M} \cap \Xi \circ \tau(A) = (0)$ *und* τ *ist injektiv.*

(1.4.4) Universelle Ausdehnung gleicher Ordnung auf einen Quotientenring.

(1.4.4.1) Allgemeine Quotientenregel. *Sei* S *ein unitärer Ring mit Einselement* e, $\boldsymbol{d}$ *eine Derivation von* S *in einen Ring* B, N *die Ordnung von* $\boldsymbol{d}$, r *eine Einheit (invertierbares Element) von* S. *Dann gilt für alle* $n \in N$ *und* $x \in S$

$$d^0 e \cdot d^n (r^{-1} \cdot x) = d^0 (r^{-1}) \cdot \left(d^n x - \sum_{\substack{j+k=n \\ 0 \leq k < n \\ 1 \leq j \leq n}} d^j r \cdot d^k (r^{-1} \cdot x) \right).$$

Ist B *unitär mit* $d^0 e$ *als Einselement, so ist* $d^0 r$ *Einheit in* B, $d^0 (r^{-1}) = (d^0 r)^{-1}$ *und*

$$d^n (r^{-1} \cdot x) = (d^0 r)^{-1} \cdot \left(d^n x - \sum_{\substack{j+k=n \\ 0 \leq k < n \\ 1 \leq j \leq n}} d^j r \cdot d^k (r^{-1} \cdot x) \right).$$

Beweis. Nach der Produktregel ist

$$d^n x = d^n (r \cdot r^{-1} \cdot x) = \sum_{\substack{j+k=n \\ 0 \leq j,k \leq n}} d^j r \cdot d^k (r^{-1} \cdot x),$$

also

$$d^0 r \cdot d^n (r^{-1} \cdot x) = d^n x - \sum_{\substack{j+k=n \\ 0 \leq k < n \\ 1 \leq j \leq n}} d^j r \cdot d^k (r^{-1} \cdot x) .$$

Wegen $r \cdot r^{-1} = e$ ist $d^0(r^{-1}) \cdot d^0 r = d^0 e$, also folgt die behauptete Relation durch Multiplikation mit $d^0(r^{-1})$. Der zweite Teil der Behauptung ist dann auch klar.

(1.4.4.2) Allgemeine Quotientenringe.

Sei R ein Ring, E ein multiplikativ abgeschlossenes System von Elementen von R, $E \neq \emptyset$. Unter einem *Quotientenring von R bezüglich E* verstehen wir einen unitären Ring R_E zusammen mit einem Ringhomomorphismus $\lambda\colon R \to R_E$, so daß folgendes gilt:

1) Jedes Element von $\lambda(E)$ ist Einheit in R_E,

2) Ist T ein unitärer Ring, $\mu\colon R \to T$ ein Ringhomomorphismus, so daß jedes Element von $\mu(E)$ Einheit in T ist, so gibt es genau einen unitären Ringhomomorphismus $\mathsf{M}\colon R_E \to T$ mit $\mu = \mathsf{M} \circ \lambda$.

Ein solcher Quotientenring ist bis auf kanonische Isomorphie eindeutig bestimmt. Er existiert stets und man konstruiert ihn in der üblichen Weise (vgl. [5] und [13]): $R_E = \left\{ \frac{x}{r} \Big| x \in R, r \in E \right\}$ mit der Gleichheitsdefinition: $\frac{x}{r} = \frac{x'}{r'}$ genau dann, wenn ein $r'' \in E$ existiert mit $r'' \cdot (r' \cdot x - r \cdot x') = 0$. Addition und Multiplikation sind definiert durch

$$\frac{x}{r} + \frac{x'}{r'} = \frac{r' \cdot x + r \cdot x'}{r \cdot r'} \quad \text{und} \quad \frac{x}{r} \cdot \frac{x'}{r'} = \frac{x \cdot x'}{r \cdot r'} ,$$

wobei man sofort nachrechnet, daß diese Definitionen nicht von der Darstellung der Elemente in der Form x/r bzw. x'/r' abhängen. λ ist definiert durch $\lambda(x) = \frac{r \cdot x}{r}$ für alle $x \in R$ mit einem beliebigen Element $r \in E$, und diese Definition hängt nicht von der Wahl von r ab. r/r für beliebiges $r \in E$ ist das Einselement von R_E. Ist $\mu\colon R \to T$ wie oben gegeben, so erhält man den Homomorphismus M durch die ebenfalls nicht von der Darstellung x/r abhängende Definition $\mathsf{M}(x/r) = \mu(r)^{-1} \cdot \mu(x)$.

(1.4.4.3) *Es sei R ein Ring, E ein multiplikativ abgeschlossenes System von Elementen von R, $E \neq \emptyset$, $S = R_E$ mit $\lambda\colon R \to R_E$ der Quotientenring von R bezüglich E, $\mathbf{D}$ eine Derivation von R in einen Ring A, $A = [R, \mathbf{D} R]$, N die Ordnung von $\mathbf{D}$. Dann existiert die universelle λ-Ausdehnung $(\mathbf{d}, \pi)$, $\mathbf{d}\colon S \to B$, der Ordnung N von $\mathbf{D}$ und man erhält sie folgendermaßen: $B = A_{D^0(E)}$ mit $\pi\colon A \to A_{D^0(E)}$ ist* *der Quotientenring von A bezüglich $D^0(E)$. Dann sind die Elemente von $\pi \circ D^0(E)$ Einheiten in B, d^0 ist der zu dem Homomorphismus $\pi \circ D^0: R \to B$ nach (1.4.4.2) gehörige unitäre Homomorphismus $d^0: R_E \to B$ mit $\pi \circ D^0 = d^0 \circ \lambda$ und die d^n mit $n \in N$, $n \geq 1$ sind rekursiv bestimmt durch*

$$d^n\left(\frac{x}{r}\right) = \frac{D^n x}{D^0 r} - \sum_{\substack{j+k=n \\ 0 \leq k < n \\ 1 \leq j \leq n}} \frac{D^j r}{D^0 r} \cdot d^k\left(\frac{x}{r}\right) \in A_{D^0 E} \quad \textit{für alle } x \in R,\ r \in E,\ n \in N.$$

Beweis. Wir zeigen zunächst, daß es eine λ-Ausdehnung (d, π) der Ordnung N von D mit $d: S \to B$ gibt. Man könnte d^n rekursiv durch die angegebenen Formeln definieren, hat dann aber Schwierigkeiten, die Unabhängigkeit von der Darstellung der Elemente von S in der Form x/r zu zeigen. Statt dessen verwendet man besser die in (1.1.11) entwickelten Zusammenhänge. Sei mit den Bezeichnungen von (1.1.11) χ der zu D gehörige Homomorphismus von R in $\mathfrak{X} = A[[t]]/t^{\nu+1}$, wobei wir formal $t^{\infty+1} = 0$ setzen, wenn N nicht endlich ist. π sei die oben erklärte Abbildung, und $\mathfrak{X}' = B[[t]]/t^{\nu+1}$. Wir definieren einen Homomorphismus $\Phi: \mathfrak{X} \to \mathfrak{X}'$ durch die Definition

$$\Phi\left(\sum_{i=0}^{\nu} a_i t^i\right) \underset{\text{Def}}{=} \sum_{i=0}^{\nu} \pi(a_i) t^i.$$

Dann sind die Elemente von $\Phi \circ \chi(E)$ Einheiten in $\mathfrak{X}'$.

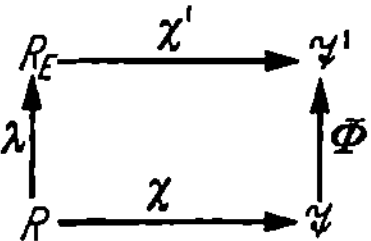

Beweis. Für $r \in E$ ist $\Phi \circ \chi(r) = \pi \circ D^0(r) + \left(\pi \circ D^1(r)\right) \cdot t + \cdots$ und $\pi \circ D^0(r)$ ist eine Einheit in $B = A_{D^0(E)}$, also ist $\pi \circ D^0(r) + \left(\pi \circ D^1(r)\right) \cdot t + \cdots$ eine Einheit in $\mathfrak{X}' = B[[t]]/t^{\nu+1}$ q.e.d.

Daher gibt es nach (1.4.4.2) genau einen unitären Homomorphismus $\chi': R_E \to \mathfrak{X}'$ mit $\Phi \circ \chi = \chi' \circ \lambda$. Sei d die nach (1.1.11) zu χ' gehörige Derivation von S in B. d hat die Ordnung N, und es gilt nach Definition von $\chi': \pi \circ D^n = d^n \circ \lambda$ für alle $n \in N$. Also ist (d, π) eine λ-Ausdehnung der Ordnung N von D und d^0 stimmt mit der oben erklärten Abbildung d^0 überein, da diese durch $\pi \circ D^0 = d^0 \circ \lambda$ charakterisiert ist. Die Quotientenregel (1.4.4.1) liefert die angegebenen rekursiven Formeln für d^n, und es ist klar, daß d^n durch diese Formeln bei gegebenen D und d^0 eindeutig bestimmt ist.

Ferner wird B als Ring von $\pi(A)$ und $d^0 S$ erzeugt, also auch von $\pi(A)$ und $[S, \boldsymbol{d}\, S]$. Bleibt noch die Eigenschaft (1.2.7.2″) für $(\boldsymbol{d}, \pi)$ nachzuweisen. Sei also (∂, φ) eine beliebige λ-Ausdehnung der Ordnung N von $\boldsymbol{D}$, $\partial\colon S \to C$, und seien ∂' bzw. φ' die Einschränkungen von ∂ bzw. φ auf den von $\varphi(A)$ und $[S, \partial S]$ erzeugten Unterring C' von C als Bildbereich. Nach Voraussetzung ist $A = [R, \boldsymbol{D}R]$ als Ring erzeugt von $\{D^n R \,|\, n \in N\}$, also ist $\varphi(A)$ als Ring erzeugt von $\{\varphi \circ D^n(R) \,|\, n \in N\} = \{\partial^n \circ \lambda(R) \,|\, n \in N\}$ und daher $\varphi(A) \subseteq [S, \partial S]$, also $C' = [S, \partial S]$. Sei e das Einselement von S. Dann ist nach (1.1.7) $[S, \partial S]$ unitär mit $\partial'^0 e$ als Einselement. Die Elemente von $\lambda(E)$ sind Einheiten von S, also sind die Elemente von $\partial'^0 \circ \lambda(E) = \varphi'\big(D^0(E)\big)$ Einheiten in C'. Daher gibt es einen unitären Homomorphismus $\psi'\colon B = A_{D^0(E)} \to C'$ mit $\varphi' = \psi' \circ \pi$. Sei $\psi\colon B \to C$ die Zusammensetzung von ψ' mit der Inklusionsabbildung $C' \to C$. Es gilt dann $\varphi = \psi \circ \pi$. Wir zeigen: $\partial = \psi \circ \boldsymbol{d}$, d.h. $\partial^n = \psi \circ d^n$ für alle $n \in N$. Beweis durch Induktion nach n. Sei $n \in N$ beliebig und es gelte für alle $k \in N$, $k < n$ $\partial^k = \psi \circ d^k$. Dann hat man unter Beachtung von (1.4.4.1):

$$\psi \circ d^n\left(\frac{x}{r}\right) = \psi \circ d^n\big(\lambda(r)^{-1} \cdot \lambda(x)\big)$$

$$= \big(\psi \circ d^0 \circ \lambda(r)\big)^{-1} \cdot \left(\psi \circ d^n \circ \lambda(x) - \sum_{\substack{j+k=n \\ 0 \le k < n}} \psi \circ d^j \circ \lambda(r) \cdot \psi \circ d^k\left(\frac{x}{r}\right)\right)$$

$$= \big(\psi \circ \pi \circ D^0(r)\big)^{-1} \cdot \left(\psi \circ \pi \circ D^n(x) - \sum_{\substack{j+k=n \\ 0 \le k < n}} \psi \circ \pi \cdot D^j(r) \cdot \partial^k\left(\frac{x}{r}\right)\right)$$

$$= \big(\varphi \circ D^0(r)\big)^{-1} \cdot \left(\varphi \circ D^n(x) - \sum_{\substack{j+k=n \\ 0 \le k < n}} \varphi \circ D^j(r) \circ \partial^k\left(\frac{x}{r}\right)\right)$$

$$= \big(\partial^0(\lambda(r))\big)^{-1} \cdot \left(\partial^n(\lambda(r)) - \sum_{\substack{j+k=n \\ 0 \le k < n}} \partial^j(\lambda(r)) \cdot \partial^k\big(\lambda(r)^{-1} \cdot \lambda(x)\big)\right)$$

$$= \partial^n\big(\lambda(r)^{-1} \cdot \lambda(x)\big) = \partial^n\left(\frac{x}{r}\right) \quad \text{für alle } x \in R,\ r \in E. \quad \text{q.e.d.}$$

Anmerkung. Die Voraussetzung $A = [R, \boldsymbol{D}R]$ wurde nur benötigt um sicherzustellen, daß C' ein unitärer Ring mit Einselement $\partial'^0 e$ ist. Beschränkt man sich bei allen Betrachtungen von vornherein darauf, nur unitäre Ringe und unitäre Ringhomomorphismen zuzulassen, so ist also $\partial^0 e$ von vornherein das Einselement von C und die Elemente von $\varphi\big(D^0(E)\big)$ sind Einheiten in C. Daher folgt die Existenz des Homomorphismus $\psi\colon B \to C$ mit $\varphi = \psi \circ \pi$ nun unmittelbar und der Satz gilt ohne jede weitere Voraussetzung über A..

(1.4.4.4) Wendet man (1.4.4.3) auf den Spezialfall an, daß alle Derivationen die Ordnung $\{0\}$ haben, so sieht man, daß (d^0, π) gerade die universelle λ-Erweiterung von d^0 ist. Daher ist $S *_\lambda A = B$ und der kanonische Homomorphismus ϑ nach (1.2.9) von $S *_\lambda A$ in B ist id_B, also sicher injektiv. Man hat somit:

Unter den Voraussetzungen von (1.4.4.3) gilt: (d, π) ist tensorielle λ-Ausdehnung von D.

1.5. Universelle Derivationen (Differentiationen)

(1.5.1) Grundlegende Definitionen und Eigenschaften.

Es seien im folgenden P, R Ringe, $\varrho: P \to R$ ein Ringhomomorphismus, N ein Abschnitt der nichtnegativen ganzen Zahlen, $d: R \to A$ eine Derivation von R in einen Ring A.

(1.5.1.1) Definition. *d heißt „universelle ϱ-Derivation der Ordnung N" oder „ϱ-Differentiation der Ordnung N" oder „universelle Derivation der Ordnung N von R über P" oder „Differentiation der Ordnung N von R über P", wenn gilt:*

1) *d ist eine ϱ-Derivation der Ordnung N.*

2) *Ist ∂ eine beliebige ϱ-Derivation der Ordnung N, so gibt es genau einen Ringhomomorphismus ψ mit $\partial = \psi \circ d$.*

(1.5.1.2) Definition. *d heißt „(absolute) universelle Derivation der Ordnung N von R" oder „(absolute) Differentiation der Ordnung N von R" wenn gilt:*

1) *∂ ist eine Derivation der Ordnung N von R.*

2) *Ist ∂ eine beliebige Derivation der Ordnung N von R, so gibt es genau einen Ringhomomorphismus ψ mit $\partial = \psi \circ d$.*

(1.5.1.3) Nach (1.1.8.3) sieht man, daß gilt: *Die absolute universelle Derivation der Ordnung N von R ist die universelle Derivation der Ordnung N von R über dem Nullring oder auch, wenn R unitär ist, über dem Primring von R.* Der Begriff der absoluten universellen Derivation ordnet sich so dem Begriff der universellen ϱ-Derivation unter.

(1.5.1.4) *Es sind äquivalent:*

(1) *d ist universelle ϱ-Derivation der Ordnung N.*

(2) *$(d, d^0 \circ \varrho)$ ist universelle ϱ-Ausdehnung der Ordnung N der fasttrivialen Derivation der Ordnung N von P.*

Beweis. Es gelte (1). Offenbar ist $(\boldsymbol{d}, \boldsymbol{d}^0 \circ \varrho)$ eine ϱ-Ausdehnung der Ordnung N der fasttrivialen Derivation von P. Es sei (∂, φ) eine ϱ-Ausdehnung der Ordnung N der fasttrivialen Derivation von P [vgl. Definition (1.1.4)]. Dann ist also $\partial^0 \circ \varrho = \varphi \circ \mathrm{id}_P = \varphi$ und $\partial^n \circ \varrho = \varphi \circ 0 = 0$ für alle $n \in N$, $n \geqq 1$. Also ist ∂ eine ϱ-Derivation der Ordnung N von R und es gibt folglich genau einen Homomorphismus ψ mit $\partial = \psi \circ \boldsymbol{d}$. Für diesen gilt dann auch $\psi \circ \boldsymbol{d}^0 \circ \varrho = \partial^0 \circ \varrho = \varphi$, also gilt (2).

Sei umgekehrt (2) erfüllt. Es ist klar, daß $\boldsymbol{d}$ eine ϱ-Derivation der Ordnung N ist. Sei nun ∂ eine beliebige ϱ-Derivation der Ordnung N. Dann ist $\partial^0 \circ \varrho = \partial^0 \circ \varrho \circ \mathrm{id}_P$ und $\partial^n \circ \varrho = 0 = \partial^0 \circ \varrho \circ 0$ für alle $n \in N$, $n \geqq 1$, d.h. $(\partial, \partial^0 \circ \varrho)$ ist eine ϱ-Ausdehnung der Ordnung N der fasttrivialen Derivation von R. Daher gibt es genau einen Homomorphismus ψ mit $\partial = \psi \circ \boldsymbol{d}$ und $\partial^0 \circ \varrho = \psi \circ \boldsymbol{d}^0 \circ \varrho$. Die zweite Beziehung ist aber eine Folge der ersten, also gibt es genau einen Homomorphismus ψ mit $\partial = \psi \circ \boldsymbol{d}$ und es gilt (1).   q.e.d.

(1.5.1.5) Auf Grund von (1.5.1.4) lassen sich alle Sätze über universelle Ausdehnungen gleicher Ordnung sofort zu Sätzen über universelle Derivationen spezialisieren. Man erhält so insbesondere die Existenz, Eindeutigkeit bis auf kanonische Isomorphie und Transitivität der universellen ϱ-Derivation der Ordnung N, ferner aus (1.4.3) ein Konstruktionsverfahren.

(1.5.1.6) Ist $\boldsymbol{d}: R \to A$ universelle ϱ-Derivation der Ordnung N, so ist nach (1.2.7.2') $A = [R, \boldsymbol{d}R]$. Wir bezeichnen diesen Ring auch mit $\mathscr{D}_N(R/P)$ oder auch $\mathscr{D}_N(\varrho)$ und nennen ihn die *Differential-algebra der Ordnung N von R über P (oder auch von ϱ)*. Das Wort Algebra deutet dabei an, daß wir A vermöge $\boldsymbol{d}^0$ als R-Algebra auffassen.

(1.5.1.7) *Es sei S ein weiterer Ring, $\lambda: R \to S$ ein Ringhomo-morphismus, $\sigma = \lambda \circ \varrho$, $\boldsymbol{d}: S \to B$ die universelle σ-Derivation der Ordnung N, $\mathfrak{R}$ das von $\boldsymbol{d}\big(\lambda(R)\big)$ in B erzeugte Ideal und $\eta: B \to B/\mathfrak{R}$ der kanonische Homomorphismus. Dann ist $\boldsymbol{d}' \underset{\mathrm{Def}}{=} \eta \circ \boldsymbol{d}$ die universelle λ-Derivation der Ordnung N.*

Beweis. Zunächst ist $\eta \circ \boldsymbol{d}^n \circ \lambda = 0$ für alle $n \geqq 1$, also ist $\boldsymbol{d}'$ eine λ-Derivation der Ordnung N. Ist $\partial: S \to C$ eine beliebige λ-Derivation der Ordnung N, so ist $\partial^n \circ \sigma = \partial^n \circ \lambda \circ \varrho = 0$ für alle $n \geqq 1$, d.h. ∂ ist auch eine σ-Derivation der Ordnung N. Daher gibt es genau ein ψ mit $\partial = \psi \circ \boldsymbol{d}$. Es ist $0 = \partial^n\big(\lambda(R)\big) = \psi\big(\boldsymbol{d}^n \circ \lambda(R)\big)$ für alle $n \geqq 1$, also ist $\psi(\mathfrak{R}) = (0)$ und $\psi' = \psi \circ \eta^{-1}$ ist ein Homomorphismus von $B/\mathfrak{R}$ in C

mit $\partial = \psi' \circ \boldsymbol{d}'$. Aus $B = [S, \boldsymbol{d}S]$ folgt $B/\mathfrak{N} = [S, \boldsymbol{d}'S]$, also ist ψ' durch diese Beziehung auch eindeutig bestimmt. q.e.d.

(1.5.2) Die Struktur von $\mathscr{D}_N(R/P)$ als graduierte R-Algebra.

Es seien im folgenden P, R Ringe, $\varrho: P \to R$ ein Ringhomomorphismus, N, M Abschnitte der nichtnegativen ganzen Zahlen.

(1.5.2.1) Es sei $\boldsymbol{d}: R \to \mathscr{D}_N(R/P)$ die universelle ϱ-Derivation der Ordnung N. Dann gilt:

(1) $\mathscr{D}_N(R/P)$ ist eine graduierte R-Algebra: $\mathscr{D}_N(R/P) = \bigoplus\limits_{j=0}^{\infty} A_j$,

wobei A_j den Modul der homogenen Elemente vom Grad j bezeichnet. A_j ist als additive Gruppe erzeugt von $\{d^{j_1} y_1 \dots d^{j_r} y_r \mid j_1, \dots, j_r \in N, j_1 + \dots + j_r = j, r = 1, 2, \dots, j+1, y_1, \dots, y_r \in R\}$.

(2) d^0 ist ein Monomorphismus, also $A_0 = d^0(R) \cong R$ vermöge d^0.

(3) Die Einschränkung d von d^1 auf den Bildbereich A_1 ist die Differentiation von R über $\varrho(P)$ im Sinne von [10], [11], [2], falls $N \neq \{0\}$ ist, und daher A_1 der Differentialmodul von R über $\varrho(P)$.

Beweis. Wir benutzen die Konstruktion der universellen Derivation von R über P der Ordnung N nach (1.4.3): Die fast triviale Derivation von P bildet P in P ab und hat als nullte Komponente id_P.

Die universelle ϱ-Erweiterung von id_P ist offenbar (id_R, ϱ), also $R *_\varrho P \cong R$.

Ist $\beta: P[\{X_i \mid i \in I\}] \to R = [\varrho(P), \{x_i \mid i \in I\}]$ eine Darstellung von R als homomorphes Bild eines Polynomrings, $\mathfrak{n} = \mathrm{Ker}\,\beta$ und $\Sigma = R[\{\varDelta^n X_i \mid i \in I, n \in N, n \geq 1\}]$ wie in (1.4.3.2), so ist $\mathscr{D}_N(R/P) = \Phi(\Sigma) = \Sigma/\mathfrak{M}$, wobei $\mathfrak{M}$ von $\{\varDelta^n f_k \mid k \in \mathrm{K}, n \in N, n \geq 1\}$ erzeugt wird. ($\{f_k \mid k \in \mathrm{K}\}$ ein Erzeugendensystem des Ideals $\mathfrak{n}$).

Man führt nun auf dem Polynomring Σ eine Graduierung ein durch die Festsetzung, daß die Elemente von R den Grad Null und $\varDelta^n X_i$ den Grad n haben sollen für alle $i \in I$, $n \in N$. Aus der Produktregel (1.1.5.2), angewandt auf die Monome von f_k sieht man, daß $\varDelta^n f_k$ bei dieser Graduierung ein homogenes Element vom Grad n ist. Also ist $\mathfrak{M}$ ein homogenes Ideal in Σ, das von homogenen Elementen von Grad ≥ 1 erzeugt wird. Es sei Σ_j der R-Modul der homogenen Elemente vom Grade j. Dann ist $\Sigma_0 = R$ und Σ_j für $j \geq 1$ ist als R-Modul erzeugt von

$$\{\varDelta^{j_1} X_{i_1} \dots \varDelta^{j_r} X_{i_r} \mid j_1, \dots, j_r \in N - \{0\}, j_1 + \dots + j_r = j,$$
$$r = 1, \dots, j, i_1, \dots, i_r \in I\}.$$

Speziell ist Σ_1 als R-Modul erzeugt von allen $\varDelta^1 X_i$, $i \in I$. $\mathscr{D}_N(R/P) = \Sigma/\mathfrak{M}$ ist dann in der induzierten Graduierung eine graduierte R-Algebra mit $A_j \cong \Sigma_j/\Sigma_j \cap \mathfrak{M}$, und A_j wird als R-Modul von $\{d^{j_1} x_{i_1} \dots d^{j_r} x_{i_r} \mid j_1 + \cdots + j_r = j, r = 1, \dots, j\}$, also als additive Gruppe von den in (1) angegebenen Elementen erzeugt. Da die homogenen Erzeugenden von $\mathfrak{M}$ alle einen Grad ≥ 1 haben, ist $\mathfrak{M} \cap \Sigma_0 = (0)$, also gilt auch (2). Zum Beweis von (3) beachte man, daß $\mathfrak{M} \cap \Sigma_1$ von den $\varDelta^1 f_k = \sum_i \dfrac{\partial f_k}{\partial x_i} \cdot \varDelta^1 X_i$, $k \in \mathsf{K}$ und Σ_1 von den $\varDelta^1 X_i$, $i \in I$ als R-Modul erzeugt wird. Das ergibt aber gerade eine Darstellung des Differentialmoduls von R über $\varrho(P)$ durch Erzeugende und Relationen und d ist die zugehörige Differentiation (vgl. etwa [1], Kap. I, Satz 3). Einen von dieser Darstellung unabhängigen Beweis von (3) erhält man wie folgt: Zunächst ist d eine Derivation von R über $\varrho(P)$ in den R-Modul A_1 im Sinne von [10], [1] und A_1 wird als R-Modul von den dy, $y \in R$ erzeugt. Sei nun ∂ eine beliebige solche Derivation von R in einen R-Modul L. Man bilde den R-Modul $R \oplus L$ und mache ihn zu einem Ring durch die Definition $(y_1 + z_1) \cdot (y_2 + z_2) = (y_1 \cdot y_2 + y_1 \cdot z_2 + y_2 \cdot z_1)$ für alle y_1, $y_2 \in R$ und z_1, $z_2 \in L$. Sei ferner ∂^0 die kanonische Injektion von R in $R \oplus L$, ∂^1 die Zusammensetzung von ∂ mit der kanonischen Injektion von L in $R \oplus L$ und $\partial^n = 0$ für alle $n \geq 2$, $n \in N$. Dann ist $\partial = \{\partial^n \mid n \in N\}$ eine ϱ-Derivation der Ordnung N. Also gibt es (genau) einen Ringhomomorphismus ψ mit $\partial = \psi \circ d$, speziell also $\partial^1 = \psi \circ d^1$ und $\psi(A_1)$ ist in L enthalten. Die Einschränkung ψ' von ψ auf den Definitionsbereich A_1 und den Bildbereich L liefert die gesuchte R-lineare Abbildung von A_1 in L mit $\partial = \psi' \circ d$.   q.e.d.

$(1.5.2.2)$ *Es sei* $N \leq M$ *und es seien* $\boldsymbol{d}_N$: $R \to \mathscr{D}_N(R/P) = \overset{\infty}{\underset{j=0}{\oplus}} A_{N,j}$ *bzw.* $\boldsymbol{d}_M$: $R \to \mathscr{D}_M(R/P) = \overset{\infty}{\underset{j=0}{\oplus}} A_{M,j}$ *die universellen ϱ-Derivationen der Ordnung N bzw. M. Dann existiert genau ein Ringhomomorphismus* $\eta_N^M \mathscr{D}_N(R/P) \to \mathscr{D}_M(R/P)$ *mit* $d_M^n = \eta_N^M \circ d_N^n$ *für alle* $n \in N$.

η_N^M ist mit der Graduierung von $\mathscr{D}_N(R/P)$ und $\mathscr{D}_M(R/P)$ verträglich (d.h. $\eta_N^M(A_{N,j}) \subseteq A_{M,j}$ für alle $j = 0, 1, \dots$) und die Einschränkung $\overset{(j)}{\eta_N^M}$ von η_N^M auf den Definitionsbereich $A_{N,j}$ und den Bildbereich $A_{M,j}$ ist ein Isomorphismus von R-Moduln für alle $j \in N$.

Beweis. Die Existenz und Eindeutigkeit von η_N^M folgt aus $(1.3.2.1)$ angewandt für den Fall $\alpha = \gamma = \mathrm{id}_P$, $\lambda = \lambda' = \varrho$, $\beta = \mathrm{id}_R$ und D bzw. D' die fast trivialen Derivationen der Ordnung N bzw. M von P.

Wir verwenden nun die analogen Bezeichnungen wie bei dem Beweis von (1.5.2.1) mit hinzugefügtem unterem Index N bzw. M um anzudeuten, daß es sich um die Konstruktion von d_N bzw. d_M handelt.

Es sei H der Homomorphismus von $\Sigma_N \to \Sigma_M$, der gegeben ist durch $H|_R = \mathrm{id}_R$ und $H(\varDelta_N^n X_i) = \varDelta_M^n X_i$ für alle $n \in N$, $n \geq 1$ und $i \in I$. H ist ein Monomorphismus. H bildet $\Sigma_{N,j}$ in $\Sigma_{M,j}$ ab und für $j \in N$ ist $H(\Sigma_{N,j}) = \Sigma_{M,j}$, wie man aus der beim Beweis von (1.5.2.1) angegebenen Erzeugung von Σ_j als R-Modul sieht. Ferner wird $\mathfrak{M}_N \cap \Sigma_{N,j}$ als R-Modul von $\{y \cdot \varDelta_N^n f_k \mid n \in N,\ n \leq j,\ k \in \mathrm{K},\ y \in \Sigma_{N,j-n}\}$ und ebenso $\mathfrak{M}_M \cap \Sigma_{M,j}$ als R-Modul von $\{z \cdot \varDelta_M^m f_k \mid m \in M,\ m \leq j,\ k \in \mathrm{K},\ z \in \Sigma_{M,j-m}\}$ erzeugt, weil $\varDelta^n f_k$ homogen vom Grad n ist. Daher bildet H auch $\mathfrak{M}_N \cap \Sigma_{N,j}$ auf $\mathfrak{M}_M \cap \Sigma_{M,j}$ ab für alle $j \in N$. H induziert einen Homomorphismus $\widetilde{\mathsf{H}}$: $\mathscr{D}_N(R/P) = \Sigma_N / \mathfrak{M}_N \to \Sigma_M / \mathfrak{M}_M = \mathscr{D}_M(R/P)$ der mit der Graduierung verträglich ist, und die Einschränkung $\widetilde{\mathsf{H}}^{(j)}$ von $\widetilde{\mathsf{H}}$ auf $A_{N,j} = \Sigma_{N,j} / \mathfrak{M}_N \cap \Sigma_{N,j} \to \Sigma_{M,j} / \mathfrak{M}_M \cap \Sigma_{M,j} = A_{M,j}$ ist nach dem oben dargelegten ein Isomorphismus von R-Moduln für $j \in N$. Ferner gilt $d_M^n = \widetilde{\mathsf{H}} \circ d_N^n$ für alle $n \in N$, wie man aus der Definition von $\widetilde{\mathsf{H}}$ abliest. Wegen der eindeutigen Bestimmtheit von η_N^M durch $d_M^n = \eta_N^M \circ d_M^n$ für alle $n \in N$ folgt $\eta_N^M = \widetilde{\mathsf{H}}$, womit alles gezeigt ist.

(1.5.3) Es seien P, R Ringe, $\varrho: P \to R$ ein Ringhomomorphismus.

(1.5.3.1) Bezeichnung. Die universelle ϱ-Derivation deren Ordnung die Menge aller nichtnegativen ganzen Zahlen ist, bezeichnen wir mit d_∞, die zugehörige Differentialalgebra mit $\mathscr{D}_\infty(R/P)$. Ist N irgendein Abschnitt der nichtnegativen ganzen Zahlen, so bezeichnen wir den in (1.5.2.2) eingeführten Homomorphismus von $\mathscr{D}_N(R/P)$ in $\mathscr{D}_\infty(R/P)$ mit η_N^∞ oder auch einfach mit η_N.

(1.5.3.2) *Es sei I die Menge aller endlichen Abschnitte N der nichtnegativen ganzen Zahlen, I geordnet durch Inklusion. Dann gilt mit den Bezeichnungen von* (1.5.2.2), (1.5.3.1) *und* (1.3.3):

$$\{\mathscr{D}_N(R/P),\ \eta_N^M \mid N \subseteq M;\ N,\ M \in I\}$$

ist ein direktes System und

$$\{\mathscr{D}_\infty(R/P),\ \eta_N \mid N \in I\} = \varinjlim \{\mathscr{D}_N(R/P),\ \eta_N^M \mid N \subseteq M;\ N,\ M \in I\},$$

$$d_\infty = \varinjlim \{d_N \mid N \in I\}.$$

Beweis. Unmittelbare Folge von (1.3.3.2), angewandt auf den Fall $\alpha_i^j = \gamma_i^j = \mathrm{id}_P$, $\beta_i^j = \mathrm{id}_R$ und $\{D_i \mid i \in I\} = \{$fasttriviale Derivation der Ordnung N von $P \mid N \in I\}$.

(1.5.4) Verkürzungsindex. Es seien P, R, ϱ, N, M, η_N^M, η_N wie in (1.5.2) und (1.5.3), $N = \{0, 1, \ldots, \nu\}$ mit $\nu \geqq 1$ endlich. Dann gilt nach (1.5.3) für $N \leqq M$: $\eta_N = \eta_M \circ \eta_N^M$ und daher Ker $\eta_N \geqq$ Ker η_N^M. Es sei M minimal (bezüglich Inklusion) so daß gilt Ker $\eta_N =$ Ker η_N^M, $M = \{0, 1, \ldots, \mu\}$, wobei wir formal $\mu = \infty$ setzen, wenn M nicht endlich ist. Da nach Definition $\eta_N = \eta_N^\infty$ ist, existiert jedenfalls solch ein M. Ferner gilt Ker $\eta_N =$ Ker $\eta_N^{M'}$ für alle M' mit $M' \geqq M$, da $\eta_N = \eta_{M'} \circ \eta_N^{M'}$ und $\eta_N^{M'} = \eta_N^{M'} \circ \eta_N^M$ ist ((1.5.3.2)). Wir definieren nun nach F. K. Schmidt [*12*]:

Definition. *Der Quotient μ/ν heißt der „Verkürzungsindex von $\mathscr{D}_N(R/P)$" und wird mit* verex $\mathscr{D}_N(R/P)$ *oder auch* verex $(\mathbf{d}_N)$ *bezeichnet, wenn keine Verwechslung zu befürchten ist.* Dabei setzen wir formal $\infty/\nu = \infty$.

1.6. Existenz und Konstruktion der universellen Ausdehnung im allgemeinen Fall

(1.6.1) *Seien P, R, S Ringe, $\varrho\colon P \to R$, $\sigma\colon P \to S$, $\lambda\colon R \to S$ Ringhomomorphismen mit $\sigma = \lambda \circ \varrho$, $N \subseteq M$ Abschnitte der nichtnegativen ganzen Zahlen, $\mathbf{D}$ die universelle ϱ-Derivation der Ordnung N, $\mathbf{D}\colon R \to A$, $\mathbf{d}$ die universelle σ-Derivation der Ordnung M, $\mathbf{d}\colon S \to B$, π der eindeutig bestimmte Ringhomomorphismus von A in B mit $(\mathbf{d} \circ \lambda)_{M|N} = \pi \circ \mathbf{D}$. Dann ist $(\mathbf{d}, \pi)$ universelle λ-Ausdehnung der Ordnung M von $\mathbf{D}$. Insbesondere existiert also die universelle λ-Ausdehnung der Ordnung M von $\mathbf{D}$.*

Beweis. Zunächst ist $(\mathbf{d} \circ \lambda)_{M|N}$ wegen $\sigma = \lambda \circ \varrho$ eine ϱ-Derivation der Ordnung N, also existiert genau ein π mit $(\mathbf{d} \circ \lambda)_{M|N} = \pi \circ \mathbf{D}$. $(\mathbf{d}, \pi)$ ist dann eine λ-Ausdehnung der Ordnung M von $\mathbf{D}$. Sei (∂, φ) eine beliebige λ-Ausdehnung der Ordnung M von $\mathbf{D}$. ∂ ist dann wegen $\partial^n \circ \sigma = \partial^n \circ \lambda \circ \varrho = \varphi \circ D^n \circ \varrho = 0$ für alle $n \geqq 1$ eine σ-Derivation der Ordnung M. Also gibt es genau einen Ringhomomorphismus ψ mit $\partial = \psi \circ \mathbf{d}$. Wegen $A = [R, \mathbf{D}R]$ ist nach (1.2.5.3) auch $\varphi = \psi \circ \pi$. q.e.d.

(1.6.2) *Seien R, S Ringe, $\lambda\colon R \to S$ ein Ringhomomorphismus, $\mathbf{D}'$ eine Derivation von R in $A' = [R, \mathbf{D}'R]$, N die Ordnung von $\mathbf{D}'$ und M ein Abschnitt der nichtnegativen ganzen Zahlen mit $M \geqq N$. Dann existiert die universelle λ-Ausdehnung $(\mathbf{d}', \pi')$ von $\mathbf{D}'$.*

Beweis: Man nehme in (1.6.1) für P den Nullring und für ϱ bzw. σ die Nullabbildungen von P in R bzw. S. Dann gilt $\sigma = \lambda \circ \varrho$. Seien $\mathbf{D}$ und $\mathbf{d}$ wie in (1.6.1) dann ist nach (1.5.1.3) $\mathbf{D}$ die absolute universelle Derivation der Ordnung N von R, also ist $\boldsymbol{D}'$ eine Spezialisierung von $\boldsymbol{D}$. Nach (1.6.1) besitzt $\boldsymbol{D}$ eine universelle λ-Ausdehnung der Ordnung M, also besitzt nach (1.3.2.5) auch $\boldsymbol{D}'$ eine universelle λ-Ausdehnung der Ordnung M, da der Spezialisierungshomomorphismus wegen der Voraussetzung $A' = [R, \boldsymbol{D}' R]$ surjektiv ist.   q.e.d.

(1.6.3) *Anmerkung.* Der im Beweis von (1.6.2) angegebene Weg erlaubt es, die universelle λ-Ausdehnung der Ordnung M von $\boldsymbol{D}'$ tatsächlich zu konstruieren, da man für jeden der verwendeten Schritte Konstruktionsverfahren hat.

2. Differentialalgebren von Körpererweiterungen

In dem gesamten Abschnitt werden alle auftretenden Ringe und Homomorphismen als unitär vorausgesetzt.

2.1. Ein technisches Lemma

Der folgende Hilfssatz wird sich bei der Berechnung der Differentialalgebren als sehr nützlich erweisen.

(2.1.1) *Es sei R ein unitärer Ring, $Y_1, \ldots, Y_m$ Unbestimmte, $S = R[Y_1, \ldots, Y_m]$, $H_i = H_i(Y_1, \ldots, Y_i) \in S$ mit $\mathrm{Grad}_{Y_i}(H_i) = n_i > 0$ und H_i habe die Gestalt*

$$H_i = Y_i^{n_i} + h_{n_i-1}(Y_1, \ldots, Y_{i-1}) \cdot Y_i^{n_i-1} + \cdots + h_0(Y_1, \ldots, Y_{i-1}),$$
$$i = 1, \ldots, m.$$

Ferner sei $\mathfrak{a} = (H_1, \ldots, H_m)$, das von allen H_i in S erzeugte Ideal. Dann gilt:

1) *Jedes Polynom $f \in S$ ist modulo $\mathfrak{a}$ kongruent einem Polynom $g \in S$ mit $\mathrm{Grad}_{Y_i}(g) < n_i$ für alle $i = 1, \ldots, m$.*

2) *Ist $g \in \mathfrak{a}$ und $\mathrm{Grad}_{Y_i}(g) < n_i$ für alle $i = 1, \ldots, m$, so ist $g = 0$. Speziell $\mathfrak{a} \cap R = (0)$.*

3) *Die Restklassen mod $\mathfrak{a}$ der Monome $Y_1^{\mu_1} \ldots Y_m^{\mu_m}$, $0 \leq \mu_i < n_i$ für $i = 1, \ldots, m$ bilden eine Basis von $S/\mathfrak{a}$ als Modul über dem Unterring $(R + \mathfrak{a})/\mathfrak{a}$ und es ist $(R + \mathfrak{a})/\mathfrak{a} \cong R$ kanonisch isomorph.*

Beweis. 1) Da sich jedes f als Summe von Monomen schreiben läßt und der Grad von f in Y_i das Maximum der Grade in Y_i seiner Monome ist, kann man o.B.d.A. annehmen, daß in Behauptung 1) f ein Monom ist. Wir zeigen 1) durch Induktion nach

$$r(f) = \mathrm{Max}\{i \mid \mathrm{Grad}_{Y_i}(f) \geq n_i\}.$$

Für $r(f)=0$ ist nichts zu zeigen. Sei die Behauptung richtig für alle $\tilde{f}$ mit $r(\tilde{f})<s$ und sei $f=Y_1^{\mu_1}\ldots Y_s^{\mu_s}\ldots Y_m^{\mu_m}$ mit $r(f)=s$, also $\mu_s \geqq n_s$ und $\mu_i < n_i$ für $i>s$. Wegen der angegebenen Gestalt von H_s lassen sich alle Potenzen von Y_s modulo H_s in $R[Y_1,\ldots,Y_s]$ durch die Potenzen $Y_s^0,\ldots,Y_s^{n_s-1}$ mit Koeffizienten in $R[Y_1,\ldots,Y_{s-1}]$ linear ausdrücken, also ist $Y_s^{\mu_s}=\sum\limits_{i=0}^{n_s-1} c_i\cdot Y_s^i+c\cdot H_s$ mit $c_i\in R[Y_1,\ldots,Y_{s-1}]$ und $c\in R[Y_1,\ldots,Y_s]$. Das ergibt $f\equiv f_1 \bmod \mathfrak{a}$ mit

$$f_1=\sum_{i=0}^{n_s-1} c_i\cdot Y_1^{\mu_1}\ldots Y_s^i\ldots Y_m^{\mu_m}.$$

Da in den c_i die Unbestimmten $Y_s,\ldots,Y_m$ nicht vorkommen gilt für alle Monome $\tilde{f}_{1k}$ von f_1, daß $r(\tilde{f}_{1k})\leqq s-1$ ist. Nach Induktionsvoraussetzung sind daher alle $\tilde{f}_{1k}$ und damit schließlich auch f modulo $\mathfrak{a}$ kongruent einem Polynom der gewünschten Form. q.e.d.

2) Sei $\mathfrak{a}_n=(H_1,\ldots,H_n)$ das von $H_1,\ldots,H_n$ in S erzeugte Ideal, $n=0,1,\ldots,m$, also $\mathfrak{a}_0=(0)$. Wir zeigen, daß aus $g\in\mathfrak{a}_n$ und $\mathrm{Grad}_{Y_i}(g)<n_i$ für alle $i=1,\ldots,m$ folgt $g\in\mathfrak{a}_{n-1}$. Durch Rekursion folgt daraus schließlich $g\in\mathfrak{a}_0$, also $g=0$.

Sei also $g\in\mathfrak{a}_n$. Dann besitzt g eine Darstellung der Form $g=\sum\limits_{i=1}^{n} a_i\cdot H_i$ mit $a_i\in S$. Da die H_i mit $i\leqq n-1$ in $R[Y_1,\ldots,Y_{n-1}]$ liegen ist $\mathfrak{a}_n=S\cdot\mathfrak{b}+S\cdot H_n$ und $\mathfrak{a}_{n-1}=S\cdot\mathfrak{b}$, wenn $\mathfrak{b}$ das in $R[Y_1,\ldots,Y_{n-1},Y_{n+1},\ldots,Y_m]$ von $H_1,\ldots,H_{n-1}$ erzeugte Ideal bezeichnet. Die gesuchte Beziehung $g\in S\cdot\mathfrak{b}$ folgt dann unmittelbar aus dem nachstehend gezeigten Hilfssatz (2.1.2) mit

$$B=R[Y_1,\ldots,Y_{n-1},Y_{n+1},\ldots,Y_m],\qquad A=S,\; X=Y_n\quad\text{und}\quad f=H_n.$$

3) Nach 1) erzeugen die Restklassen mod $\mathfrak{a}$ der angegebenen Elemente den Ring $S/\mathfrak{a}$ als Modul über dem Unterring $(R+\mathfrak{a}/\mathfrak{a})$ und nach 2) ist $(R+\mathfrak{a})/\mathfrak{a}\cong R/(\mathfrak{a}\cap R)\cong R$ kanonisch isomorph. Es bleibt die lineare Unabhängigkeit der angegebenen Elemente über $(R+\mathfrak{a})/\mathfrak{a}$ zu zeigen: Sei $\sum\limits_{\substack{0\leqq\mu_i<n_i\\ i=1,\ldots,m}} c_{\mu_1,\ldots,\mu_m}\cdot Y_1^{\mu_1}\ldots Y_m^{\mu_m}\equiv 0 \bmod \mathfrak{a},\, c_{\mu_1,\ldots,\mu_m}\in R,$

so folgt aus 2), da $\mathrm{Grad}_{Y_i}\left(\sum\limits_{0\leqq\mu_i<n_i} c_{\mu_1,\ldots,\mu_m}\cdot Y_1^{\mu_1}\ldots Y_m^{\mu_m}\right)<n_i$ ist für alle $i=1,\ldots,m$, daß das Polynom das Nullpolynom ist, also alle $c_{\mu_1,\ldots,\mu_m}=0$ sind. q.e.d.

(2.1.2) *Es sei B ein unitärer Ring, $A = B[X]$ der Polynomring in einer Unbestimmten X über A, $\mathfrak{b}$ ein Ideal in B, $f = X^r + c_{r-1} \cdot X^{r-1} + \cdots + c_0$ mit $r \geq 1$, $c_i \in B$ für $i = 0, \ldots, r-1$. Dann gilt:*

Ist $g \in A \cdot \mathfrak{b} + A \cdot f$ und $\mathrm{Grad}_X(g) < r$, so ist $g \in A \cdot \mathfrak{b}$.

Beweis. Es ist nach Voraussetzung $g = \sum_i a_i \cdot b_i + a \cdot f$ mit a_i, $a \in A$ und $b_i \in \mathfrak{b}$. Wir zeigen: $a \in A \cdot \mathfrak{b}$. Daraus folgt dann die Behauptung. Sei $a_i = \sum_k \beta_{ik} X^k$ mit $\beta_{ik} \in B$ und $a = \sum_k \beta_k X^k$ mit $\beta_k \in B$. Es genügt offenbar zu zeigen, daß alle β_k in $\mathfrak{b}$ liegen. Wären nicht alle $\beta_k \in \mathfrak{b}$, so gäbe es ein k_0 mit $\beta_{k_0} \notin \mathfrak{b}$ aber $\beta_k \in \mathfrak{b}$ für alle $k > k_0$. Wir betrachten dann in der obigen Darstellung von g den Koeffizienten von X^{r+k_0}. Wegen $\mathrm{Grad}_X(g) < r$ ist dieser Koeffizient Null, man hat also:

$$0 = \sum_i \beta_{i,\, r+k_0} \cdot b_i + \beta_{k_0} + \sum_{j=1}^r \beta_{k_0+j} \cdot c_{r-j}.$$ Nun gilt $b_i \in \mathfrak{b}$ für alle i, $\beta_{k_0+j} \in \mathfrak{b}$ für alle $j = 1, \ldots, r$ nach Wahl von k_0, also auch $\beta_{k_0} \in \mathfrak{b}$ im Widerspruch zur Wahl von k_0. q.e.d.

2.2. Differentialalgebren separabler Körpererweiterungen

Es seien im folgenden stets $k \subseteq K$ Körper, N ein Abschnitt der nichtnegativen ganzen Zahlen, $D = \{D^n \mid n \in N\}$ eine Derivation von k, $D: k \to A$ und (d, π) die universelle Ausdehnung der Ordnung N von D bezüglich der Inklusionsabbildung $k \to K$, $d: K \to B$.

(2.2.1) Es sei $\{X_i \mid i \in I\}$ mit einer beliebigen Indexmenge I ein System unabhängiger Unbestimmter, $K = k(\{X_i \mid i \in I\})$. K ist dann der Quotientenring des Polynomrings $k[\{X_i \mid i \in I\}]$ und man erhält aus (1.4.2) und (1.4.4.3):

$$B = K \otimes_k A[\{d^n X_i \mid n \in N, n > 0, i \in I\}] \quad \text{mit Unbestimmten } d^n X_i.$$

π ist die Zusammensetzung der kanonischen Abbildung $A \to K \otimes_k A$ und der Inklusion von $K \otimes_k A$ in den Polynomring. Also ist (d, π) treue Ausdehnung von D. Ferner ist die kanonische Abbildung θ von $K \otimes_k A$ in B die Inklusionsabbildung, also ist (d, π) auch tensorielle Ausdehnung von D. Im Spezialfall, daß D die fasttriviale Derivation der Ordnung N von k ist, erhält man weiter:

$$\mathscr{D}_N(K/k) = K[\{d^n X_i \mid n \in M, n > 0, i \in I\}]$$

Polynomring in den $d^n X_i$ über K.

(2.2.2) Es sei nun $K = k(x)$, x separabel algebraisch über k. Dann ist $K = k[X]/f(X)$, wobei $f(X)$ das normierte Minimalpolynom von

x über k ist: $f(X) = X^m + a_{m-1} X^{m-1} + \cdots + a_0$ mit $a_i \in k$, $i = 0, \ldots,$ $m-1$, und es ist $f'(x) \neq 0$, wenn $f'(X)$ die formale Ableitung von $f(X)$ nach X bezeichnet. Die Konstruktion von (1.4.3) ergibt: $B = \Sigma'[\{\Delta^n X \mid n \in N, \ n > 0\}]/\mathfrak{M}$, wobei $\mathfrak{M}$ erzeugt wird von $\{\Delta^n f \mid n \in N, n > 0\}$, $\Sigma' = K \otimes_k A$. Nun ist nach (1.1.5) für $i = 0$, $1, \ldots, n$ (wir setzen $a_n = 1$) und $n \in N$: $\Delta^n(a_i \cdot X^i) = i \cdot a_i \cdot x^{i-1} \cdot \Delta^n X +$ Polynom in $\Delta^j X$ mit $j < n$ und Koeffizienten in Σ'. Das ergibt: $\Delta^n f = f'(x) \cdot \Delta^n X +$ Polynom in $\Delta^j X$ mit $j < n$ und Koeffizienten in Σ'.

Wir setzen $H_n = f'(x)^{-1} \cdot \Delta^n f$. Dann ist $\mathfrak{M}$ erzeugt von allen H_n mit $n \in N$, $n > 0$. Wir zeigen: $\mathfrak{M} \cap \Sigma' = (0)$ und $B \cong \Sigma'$ in kanonischer Weise.

Beweis. Wenn N endlich ist, folgt das durch Anwendung von (2.1.1) 2) und 3) (alle $n_i = 1$!). Sei nun N die Menge aller nichtnegativen ganzen Zahlen, $y \in \mathfrak{M} \cap \Sigma'$. Dann gibt es einen endlichen Teilabschnitt $N_1 \subset N$, so daß gilt $y \in \mathfrak{M}_1 \cap \Sigma'$ mit $\mathfrak{M}_1$ das in $\Sigma_1 = \Sigma'[\{\Delta^n X \mid n \in N', n > 0\}]$ von den H_n mit $n \in N_1$, $n > 0$ erzeugte Ideal. Die Anwendung von (2.1.1), 2) liefert $y = 0$. Ferner ist jedes Element eines solchen Ringes Σ_1 modulo $\mathfrak{M}_1$ kongruent einem Element von Σ' nach (2.1.1), 3), also ist auch jedes Element von

$$\Sigma'[\{\Delta^n X \mid n \in N, \ n > 0\}] = \bigcup_{N_1 \subset N} \Sigma_1 \text{ modulo } \mathfrak{M} \left(= \bigcup_{N_1 \subset N} \mathfrak{M}_1 \right)$$

kongruent einem Element von Σ', also $B \cong \Sigma'/\Sigma' \cap \mathfrak{M} = \Sigma'$ in kanonischer Weise. Ferner folgt wie in (2.2.1), daß (d, π) tensorielle und treue Ausdehnung von D ist. Im Spezialfalle, daß D die fast-triviale Derivation von k ist, erhält man:

$\mathscr{D}_N(K/k) = K$ *und die universelle Derivation der Ordnung N von K über k ist die fasttriviale Derivation von K.*

(2.2.3) Definition. *K heißt separabel über k, wenn gilt:*

Jeder über k endlich erzeugbare Zwischenkörper Z mit $k \subseteq Z \subseteq K$ besitzt eine separierende Transzendenzbasis über k.

Sei K separabel über k und endlich erzeugt, $X_1, \ldots, X_m$ eine separierende Tranzendenz-Basis für K über k. Dann ist K eine einfache, algebraische, separable Erweiterung von $k(X_1, \ldots, X_m)$. Die Hintereinanderausführung der Konstruktionen von (2.2.1) und (2.2.2) ergibt unter Beachtung der Transitivität der universellen Ausdehnung für B, π, θ, (d, π) und $\mathscr{D}_N(K/k)$ wörtlich dasselbe wie in (2.2.1) mit $I = \{1, \ldots, m\}$. Ist K nicht endlich erzeugt über k, so ist K in natürlicher Weise der direkte Limes aller über k endlich erzeugten Zwischenkörper Z mit $k \subseteq Z \subseteq K$. Vermöge (1.3.3) mit

$\alpha_i^j = \alpha_j = \mathrm{id}_k$, $\gamma_i^j = \gamma_j = \mathrm{id}_A$, $\{S_i\}$ das System aller Z wie oben, $S = K$; β_i^j, β_j, λ_i, λ die Inklusionsabbildungen überträgt sich dann die Injektivität von π und θ vom endlich erzeugten auf den allgemeinen Fall und man erhält:

(2.2.4) *Es sei K separabel* (nicht notwendig endlich erzeugbar) *über k. Dann gilt mit den zuvor eingeführten Bezeichnungen*: $(\boldsymbol{d}, \pi)$ *ist tensorielle und treue Ausdehnung von $\mathscr{D}$.* Wir werden später sehen, daß von diesem Satz auch die Umkehrung gilt (2.4.2).

2.3. Differentialalgebren endlich erzeugter Körpererweiterungen bei Primzahlcharakteristik

Es seien im folgenden stets $k \subseteq K$ Körper von Primzahlcharakteristik p, K endlich erzeugt über k als Körpererweiterung, N ein Abschnitt der nichtnegativen ganzen Zahlen, $\boldsymbol{d} = \{d^n \mid n \in N\}$ die universelle Derivation der Ordnung N von K über k bezüglich der Inklusionsabbildung $k \to K$, $\mathscr{D}_N(K/k)$ die zugehörige Differentialalgebra. Ist ferner R ein Ring, F ein R-Modul, B eine Teilmenge von F, so bezeichnen wir mit $R\langle B \rangle$ den von B erzeugten R-Untermodul von F. Sind K' und K'' Unterkörper von K, so bezeichnet $K' \cdot K''$ das Körperkompositum von K' und K''.

(2.3.1) Eine Basis von K über $K^{p^s} \cdot k$.

Im folgenden bezeichnen r, s, σ, τ nichtnegative ganze Zahlen.

(2.3.1.1) Vorbemerkungen. Seien $z_1, \ldots, z_m \in K$ und $z_1^{p^\sigma}, \ldots, z_m^{p^\sigma}$ p-unabhängig in $K^{p^\sigma} \cdot k$ über k, so sind auch $z_1^{p^\tau}, \ldots, z_m^{p^\tau}$ p-unabhängig in $K^{p^\tau} \cdot k$ über k für alle $\tau \leqq \sigma$.

Beweis durch Rekursion nach τ. Für $\tau = \sigma$ gilt die Behauptung nach Voraussetzung. Gilt die Behauptung schon für ein τ und ist

$$\sum_{0 \leqq v_i < p} a_{v_1, \ldots, v_m} \cdot z_1^{p^{\tau-1} \cdot v_1} \ldots z_m^{p^{\tau-1} \cdot v_m} = 0 \quad \text{mit} \quad a_{v_1, \ldots, v_m} \in K^{p^\tau} \cdot k, \quad \text{so folgt}$$

$$\sum a_{v_1, \ldots, v_m}^p z_1^{p^\tau \cdot v_1} \ldots z_m^{p^\tau \cdot v_m} = 0 \quad \text{und} \quad a_{v_1, \ldots, v_m}^p \in K^{p^{\tau+1}} \cdot k, \quad \text{also sind alle}$$

$a_{v_1, \ldots, v_m} = 0$.   q.e.d.

Es folgt daraus: Ist $z_1, \ldots, z_m \in K$, so daß $z_1^{p^\sigma}, \ldots, z_m^{p^\sigma}$ eine p-Basis von $K^{p^\sigma} \cdot k$ über k ist, so gibt es Elemente $y_1, \ldots, y_r \in K$, so daß $z_1^{p^{\sigma-1}}, \ldots, z_m^{p^{\sigma-1}}, y_1^{p^{\sigma-1}}, \ldots, y_r^{p^{\sigma-1}}$ eine p-Basis von $K^{p^{\sigma-1}} \cdot k$ über k ist. Man erhält so durch iterierte Anwendung dieses Verfahrens:

(2.3.1.2) Es existiert eine p-Basis S von K über k von folgender Gestalt: $S = S_s \cup S_{s-1} \cup \cdots \cup S_0$, wobei alle S_i paarweise disjunkt sind und für alle τ mit $0 \leqq \tau \leqq s$ die Menge $S_s^{p^\tau} \cup S_{s-1}^{p^\tau} \cup \cdots \cup S_\tau^{p^\tau}$ eine p-Basis von $K^{p^\tau} \cdot k$ über k ist.

Man erhält sie folgendermaßen: Wähle $z_{s,1}, \ldots, z_{s,n_s} \in K$, so daß $z_{s,1}^{p^s}, \ldots, z_{s,n_s}^{p^s}$ eine p-Basis von $K^{p^s} \cdot k$ über k bilden und setze $S_s = \{z_{s,1}, \ldots, z_{s,n_s}\}$. Sei nun S_i schon bestimmt, so ergänze wie in (2.3.1.1) $S_s^{p^{i-1}}, \ldots, S_i^{p^{i-1}}$ durch passende Elemente $z_{i-1,1}^{p^{i-1}}, \ldots, z_{i-1,n_{i-1}}^{p^{i-1}}$ zu einer p-Basis von $K^{p^{i-1}} \cdot k$ über k und setze $S_{i-1} = \{z_{i-1,1}, \ldots, z_{i-1,n_{i-1}}\}$.

(2.3.1.3) *Es seien $s \geq \tau \geq r \geq 0$ beliebige nichtnegative ganze Zahlen, $S = \bigcup\limits_{i=0}^{s} S_i$ eine p-Basis von K über k wie in (2.3.1.2) mit $S_i = \{z_{i,1}, \ldots, z_{i,n_i}\}$ für $i = 0, \ldots, s$. Dann ist*

$$\{z_{s,1}^{\nu_{s,1} \cdot p^r} \ldots z_{s,n_s}^{\nu_{s,n_s} \cdot p^r} \ldots z_{\sigma,1}^{\nu_{\sigma,1} \cdot p^r} \ldots z_{\sigma,n_\sigma}^{\nu_{\sigma,n_\sigma} \cdot p^r} \ldots z_{r,1}^{\nu_{r,1} \cdot p^r} \ldots z_{r,n_r}^{\nu_{r,n_r} \cdot p^r} \;\big|$$
$$0 \leq \nu_{i,\varkappa} < p^{i+1-r} \text{ für } \tau \geq i \geq r$$
$$\text{und } 0 \leq \nu_{i,\varkappa} < p^{\tau+1-r} \text{ für } \tau \leq i \leq s\}$$

eine Linearbasis von $K^{p^r} \cdot k$ über $K^{p^{\tau+1}} \cdot k$.

Beweis durch Induktion nach τ. $\tau = r$: $z_{s,1}^{p^r}, \ldots, z_{r,n_r}^{p^r}$ ist nach Wahl von S eine p-Basis von $K^{p^r} \cdot k$ über k, also ist

$$\{z_{s,1}^{\nu_{s,1} \cdot p^r} \ldots z_{r,n}^{\nu_{r,n} \cdot p^r} \;\big|\; 0 \leq \nu_{i,\varkappa} < p\}$$

eine Linearbasis von $K^{p^r} \cdot k$ über $K^{p^{r+1}} \cdot k$. q.e.d. Sei nun die Behauptung für ein τ schon gezeigt. Nach Wahl von S ist $S_s^{p^{\tau+1}} \cup \cdots \cup S_{\tau+1}^{p^{\tau+1}}$ eine p-Basis von $K^{p^{\tau+1}} \cdot k$ über k, also ist

$$\{z_{s,1}^{\mu_{s,1} \cdot p^{\tau+1}} \ldots z_{\tau+1,n_{\tau+1}}^{\mu_{\tau+1,n_{\tau+1}} \cdot p^{\tau+1}} \;\big|\; 0 \leq \mu_{i,\varkappa} < p\}$$

eine Linearbasis von $K^{p^{\tau+1}} \cdot k$ über $K^{p^{\tau+2}} \cdot k$ und nach Rekursionsannahme ferner

$$\{z_{s,1}^{\varrho_{s,1} \cdot p^r} \ldots z_{r,n_r}^{\varrho_{r,n_r} \cdot p^r} \;\big|\; 0 \leq \varrho_{i,\varkappa} < p^{i+1-r} \text{ für } \tau \geq i \geq r$$
$$\text{und } 0 \leq \varrho_{i,\varkappa} < p^{\tau+1-r} \text{ für } \tau \leq i \leq s\}$$

eine Linearbasis von $K^{p^r} \cdot k$ über $K^{p^{\tau+1}} \cdot k$. Also bildet die Menge aller Produkte

$$(*) \quad \{z_{s,1}^{\nu_{s,1} \cdot p^r} \ldots z_{r,n_r}^{\nu_{r,n_r} \cdot p^r} \;\big|\; \nu_{i\varkappa} = \varrho_{i,\varkappa} + \mu_{i,\varkappa} \cdot p^{\tau+1-r} \text{ für } s \geq i \geq \tau+1,$$
$$\nu_{i,\varkappa} = \varrho_{i,\varkappa} \text{ für } r \leq i \leq \tau; \; \varrho_{i,\varkappa} \, \mu_{i,\varkappa} \text{ wie oben}\}$$

eine Linearbasis von $K^{p^r} \cdot k$ über $K^{p^{\tau+2}} \cdot k$.

Aus den oben angegebenen Bedingungen für $\mu_{i,\varkappa}$ und $\varrho_{i,\varkappa}$ entnimmt man durch Betrachtung der p-adischen Darstellungen: Für $\tau \geq i \geq r$ nimmt $\nu_{i,\varkappa}$ jede ganze Zahl des Intervalles $[0, p^{i+1-r} - 1]$ genau einmal an, wenn $\mu_{i,\varkappa}$ und $\varrho_{i,\varkappa}$ ihre zulässigen Werte durchlaufen. Für $\tau+1\leqq i\leqq s$ nimmt $\nu_{i,\varkappa}$ jede ganze Zahl des Intervalles $[0,\,p^{\tau+2-r}-1]$ genau einmal an, wenn $\mu_{i,\varkappa}$ und $\varrho_{i,\varkappa}$ ihre zulässigen Werte durchlaufen. Also kann man in (*) die Bedingungen für $\nu_{i,\varkappa}$ ersetzen durch: $0\leqq\nu_{i,\varkappa}<p^{i+1-r}$ für $\tau+1\geqq i\geqq r$ und $0\leqq\nu_{i,\varkappa}<p^{\tau+2-r}$ für $\tau+1\leqq i\leqq s$.   q.e.d.

(2.3.1.4) Wir wenden nun (2.3.1.3) im Spezialfall $\tau=s$ und mit $r+1$ anstelle von r an. Für jedes $z_{r,\varkappa}\in S_r$ ist $z_{r,\varkappa}^{p^{r+1}}$ ein Element von $K^{p^{r+1}}\cdot k$, läßt sich also eindeutig als Linearkombination der in (2.3.1.3) angegebenen Elemente mit Koeffizienten in $K^{p^{r+1}}\cdot k$ schreiben. Das ergibt:

Sei s eine beliebige nichtnegative ganze Zahl, S eine dazu gewählte p-Basis von K über k wie in (2.3.1.2). Dann gibt es für alle r mit $0\leqq r\leqq s$ und alle $z_{r,\varkappa}\in S_r$ genau ein Polynom

$$G_{r,\varkappa}=G_{r,\varkappa}(Z_{s,1}^{p^{r+1}},\,\ldots,\,Z_{r+1,n_{r+1}}^{p^{r+1}})\in K^{p^{r+1}}\cdot k\,[Z_{s,1},\,\ldots,\,Z_{r+1,n_{r+1}}]$$

mit $\mathrm{Grad}_{Z_{i,k}^{p^{r+1}}}(G_{r,\varkappa})<p^{i-r}$ *und*

$$G_{r,\varkappa}(z_{s,1}^{p^{r+1}},\,\ldots,\,z_{r+1,n_{r+1}}^{p^{r+1}})=z_{r,\varkappa}^{p^{r+1}}.\quad (Z_{i,\varkappa}\ \text{Unbestimmte}).$$

(2.3.1.5) *Sei mit den Bezeichnungen von* (2.3.1.4) $F_{i,\varkappa}=Z_{i,\varkappa}^{p^{i+1}}-G_{i,\varkappa}$, $i=0,1,\ldots,s,\ \varkappa=1,\ldots,n_i$.

Dann gilt: Der Kern des kanonischen Homomorphismus

$$\beta:\ K^{p^{s+1}}\cdot k\,[Z_{s,1},\,\ldots,\,Z_{0,n_0}]\rightarrow K^{p^{s+1}}\cdot k\,[z_{s,1},\,\ldots,\,z_{0,n_0}]=K$$

mit $\beta|_{K^{p^{s+1}}\cdot k}=\mathrm{id}_{K^{p^{s+1}}\cdot k}$ *und* $\beta(Z_{i,\varkappa})=z_{i,\varkappa}$ *für alle* $i=0,\ldots,s$, $\varkappa=1,\ldots,n_i$ *wird erzeugt von* $\{F_{i,\varkappa}\,|\,i=0,1,\ldots,s;\ \varkappa=1,\ldots,n_i\}$.

Beweis. Zunächst folgt aus (2.3.1.3) mit $r=0$, $\tau=s$, daß tatsächlich $K=K^{p^{s+1}}\cdot k\,[z_{s,1},\,\ldots,\,z_{0,n_0}]$ ist. Ferner liegen die $F_{i,\varkappa}$ nach Konstruktion im Kern von β. Sei nun $\mathfrak{n}$ das von allen $F_{i,\varkappa}$ erzeugte Ideal. Wir zeigen, daß modulo $\mathfrak{n}$ jedes Polynom aus

$$K^{p^{s+1}}\cdot k\,[\{Z_{i,\varkappa}\,|\,i=0,\ldots,s;\ \varkappa=1,\ldots,n_i\}]$$

kongruent zu einem Polynom ist, in dem jedes $Z_{i,\varkappa}$ höchstens in der Potenz $p^{i+1}-1$ auftritt. Dazu zähle man die $Z_{i,\varkappa}$ in irgend einer Reihenfolge so ab, daß zunächst alle $Z_{s,\varkappa}$, dann alle $Z_{s-1,\varkappa}$, usw., zuletzt alle $Z_{0,\varkappa}$ kommen und bezeichne sie in dieser Reihenfolge mit $Y_1,\ldots,Y_m$. Ist $Y_j=Z_{i,\varkappa}$, so bezeichne man $F_{i,\varkappa}$ mit H_j. Es ist dann H_j ein Polynom in Y_j mit höchstem Koeffizienten 1 und den übrigen Koeffizienten aus $K^{p^{s+1}}\cdot k\,[Y_1,\,\ldots,\,Y_{j-1}]$, $\mathrm{Grad}_{Y_j}(H_j)=p^{i+1}$. Das Lemma (2.1.1), 1) mit $\mathfrak{a}=\mathfrak{n}$ liefert das gewünschte Resultat. Ein Polynom, in dem $Z_{i,\varkappa}$ für alle i und $\varkappa$ höchstens in der Potenz

$p^{i+1}-1$ auftritt, verschwindet aber beim Ersetzen der $Z_{i,\varkappa}$ durch die $z_{i,\varkappa}$ nur dann, wenn es schon das Nullpolynom ist, weil die sämtlichen Produkte $z_{s,1}^{\nu_{s,1}},\,\ldots,\,z_{0,n_0}^{\nu_{0,n_0}}$ mit $0\leqq\nu_{i,\varkappa}<p^{i+1}$ nach (2.3.1.3) mit $r=0$ und $\tau=s$ linear unabhängig über $K^{p^{s+1}}\!\cdot k$ sind. Also enthält $\mathfrak{n}$ bereits den gesamten Kern von β. q.e.d.

(2.3.2) Eine Basisdarstellung für $\mathfrak{D}_N(K/k)$.

(2.3.2.1) *Es sei* $N=\{0,\,1,\,\ldots,\,\varrho\}$ *mit* $\varrho<\infty$, *s eine ganze Zahl mit* $\varrho<p^{s+1}$, $t(N)=\mathrm{Max}\left\{i\,\middle|\,i\ \text{ganz},\ \dfrac{\varrho}{p^{i+1}}\geqq1\right\}$. *Dann gilt mit den Bezeichnungen von* (2.3.1): *Der Unterring*

$$F_N=K\left[\left\{d^j z_{i,\varkappa}\,\middle|\,1\leqq j\leqq\varrho,\ 0\leqq i\leqq s,\ 1\leqq\varkappa\leqq n_i;\ j>\frac{\varrho}{p^{i+1}}\right\}\right]$$

von $\mathfrak{D}_N(K/k)$ *ist Polynomring über* K *in den* $d^j z_{i,\varkappa}$ *und*

$$\mathfrak{B}_N=\left\{\prod_{i=0}^{t(N)}\ \prod_{\substack{1\leqq j\leqq\frac{\varrho}{p^{i+1}}\\1\leqq\varkappa\leqq n_i}}(d^j z_{i,\varkappa})^{\nu_{j,i,\varkappa}}\,\middle|\,0\leqq\nu_{j,i,\varkappa}<p^{i+1}\right\}$$

ist eine Linearbasis von $\mathfrak{D}_N(K/k)$ *über* F_N.

Ferner genügt jedes $d^j z_{i,\varkappa}$ *mit* $1\leqq j\leqq\dfrac{\varrho}{p^{i+1}}$ *einer Gleichung der Form*

$$(d^j z_{i,\varkappa})^{p^{i+1}}=g_{j,i,\varkappa}\left(\left\{(d^\tau z_{\lambda,\sigma})^{p^{i+1}}\,\middle|\,1\leqq\tau\leqq j,\ s\geqq\lambda\geqq i+1,\ 1\leqq\sigma\leqq n_\lambda\right\}\right),$$

wobei wir mit

$$g_{j,i,\varkappa}\left(\left\{X_{\tau,\lambda,\sigma}^{p^{i+1}}\,\middle|\,1\leqq\tau\leqq j,\ s\geqq\lambda\geqq i+1,\ 1\leqq\sigma\leqq n_\lambda\right\}\right)$$

ein Polynom in Unbestimmten $X_{\tau,\lambda,\sigma}$ *mit Koeffizienten aus* K *bezeichnen und* $g_{j,i,\varkappa}\left(\left\{(d^\tau z_{\lambda,\sigma})^{p^{i+1}}\right\}\right)$ *aus* $g_{j,i,\varkappa}\left(\left\{X_{\tau,\lambda,\sigma}^{p^{i+1}}\right\}\right)$ *durch die Ersetzung* $X_{\tau,\lambda,\sigma}\to d^\tau z_{\lambda,\sigma}$ *entsteht. Die* $X_{j,i,\varkappa}^{p^{i+1}}-g_{j,i,\varkappa}\left(\left\{X_{\tau,\lambda,\sigma}^{p^{i+1}}\right\}\right)$ *erzeugen den Kern des kanonischen Homomorphismus*

$$\beta:K\left[\left\{X_{j,i,\varkappa}\,\middle|\,0\leqq i\leqq s,\ 1\leqq j\leqq\varrho,\ 1\leqq\varkappa\leqq n_i\right\}\right]\to\mathfrak{D}_N(K/k)$$

mit $\beta/K=\mathrm{id}_R$ *und* $\beta(X_{j,i,\varkappa})=d^j z_{i,\varkappa}$.

Beweis. $K^{p^{s+1}}\!\cdot k$ wird von k und den p^{s+1}-ten Potenzen der Elemente von K erzeugt. Nach (1.4.4.1) wird dann $dK^{p^{s+1}}\!\cdot k$ von den Bildern bei d^n, $n\in N$, $n\geqq1$ dieser Elemente erzeugt. Nach Definition von d ist $dk=0$, und nach (1.1.12) ist $d^n(x^{p^{s+1}})=0$ für $p^{s+1}\nmid n$, also für alle $n\in N$ mit $n\geqq1$ wegen $\varrho<p^{s+1}$. Also ist $dK^{p^{s+1}}\!\cdot k=(0)$, und nach (1.5.1.7) ist daher $\mathfrak{D}_N(K/k)=\mathfrak{D}_N(K/K^{p^{s+1}}\!\cdot k)$ und d die universelle Derivation der Ordnung N von K über $K^{p^{s+1}}\!\cdot k$.

Aus der Darstellung von K als Restklassenring eines Polynom-rings über $K^{p^{i+1}} \cdot k$ in (2.3.1.5) folgt dann mit der Konstruktion von (1.4.3):

$$\mathcal{D}_N(K/k) = K\left[\left\{\varDelta^n Z_{i,\varkappa} \mid 0 \leq i \leq s,\ 1 \leq \varkappa \leq n_i,\ 1 \leq n \leq \varrho\right\}\right]/\mathfrak{M},$$

wobei die Restklassen mod $\mathfrak{M}$ der $\varDelta^n Z_{i,\varkappa}$ die $d^n z_{i,\varkappa}$ sind und $\mathfrak{M}$ erzeugt wird von $\{\varDelta^n F_{i,\varkappa} \mid 0 \leq i \leq s,\ 1 \leq \varkappa \leq n_i,\ 1 \leq n \leq \varrho\}$. Wegen $F_{i,\varkappa} = Z_{i,\varkappa}^{p^{i+1}} - G_{i,\varkappa}(Z_{s,1}^{p^{i+1}}, \ldots, Z_{i+1,n_{i+1}}^{p^{i+1}})$ ist nach (1.1.12)

$$\varDelta^n F_{i,\varkappa} = \begin{cases} 0, & \text{falls } p^{i+1} \nmid n, \\ (\varDelta^j Z_{i,\varkappa})^{p^{i+1}} - g_{j,i,\varkappa}\left(\left\{(\varDelta^\tau Z_{\lambda,\sigma})^{p^{i+1}} \mid 1 \leq \tau \leq j,\ s \geq \lambda \geq i+1,\ 1 \leq \sigma \leq n_\lambda\right\}\right), \\ & \text{falls } n = j \cdot p^{i+1}, \end{cases}$$

wobei $g_{j,i,\varkappa}$ ein Polynom der oben beschriebenen Art ist.

Aus $n \leq \varrho$ folgt $j \leq \dfrac{\varrho}{p^{i+1}}$, und umgekehrt kommt für jedes $(j, i, \varkappa)$ mit $1 \leq j \leq \dfrac{\varrho}{p^{i+1}}$ das $(\varDelta^j Z_{i,\varkappa})^{p^{i+1}} - g_{j,i,\varkappa}$ unter den Erzeugenden von $\mathfrak{M}$ vor. Damit ist bereits der letzte Teil der Behauptung bewiesen, wenn man die Unbestimmten $\varDelta^j Z_{i,\varkappa}$ mit $X_{j,i,\varkappa}$ bezeichnet. Sei nun

$$F' = K\left[\left\{\varDelta^j Z_{i,\varkappa} \mid 1 \leq j \leq \varrho,\ 0 \leq i \leq s,\ 1 \leq \varkappa \leq n_i;\ j > \frac{\varrho}{p^{i+1}}\right\}\right]$$

und

$$\mathfrak{C} = \left\{\varDelta^j Z_{i,\varkappa} \mid 0 \leq i \leq t(N),\ 1 \leq \varkappa \leq n_i,\ 1 \leq j \leq \frac{\varrho}{p^{i+1}}\right\}.$$

Wir zählen die Elemente von $\mathfrak{C}$ in irgend einer Reihenfolge so ab, daß zunächst alle $\varDelta^j Z_{i,\varkappa}$ mit $i = t(N)$, dann alle mit $i = t(N) - 1$ usw., zuletzt alle mit $i = 0$ kommen und bezeichnen sie in dieser Reihenfolge mit $Y_1, \ldots, Y_m$. Ist $Y_\tau = \varDelta^j Z_{i,\varkappa}$, so bezeichnen wir $\varDelta^{j \cdot p^{i+1}} F_{i,\varkappa}$ mit H_τ. Nach dem oben ausgeführten sieht man, daß H_τ als Polynom in Y_τ den höchsten Koeffizienten 1 besitzt, während die übrigen Koeffizienten in $F'[Y_1, \ldots, Y_{\tau-1}]$ liegen und

$$\mathrm{Grad}_{Y_\tau}(H_\tau) = p^{i+1}$$

ist. Aus Lemma (2.1.1), 3) mit $R = F'$, $\mathfrak{a} = \mathfrak{M}$ folgt: Die Restklassen modulo $\mathfrak{M}$ der Monome

$$\left\{\prod_{0 \leq i \leq t(N)} \prod_{\substack{1 \leq j \leq \frac{\varrho}{p^{i+1}} \\ 1 \leq \varkappa \leq n_i}} (\varDelta^j Z_{i,\varkappa})^{\nu_{j,i,\varkappa}} \mid 0 \leq \nu_{j,i,\varkappa} < p^{i+1}\right\}$$

bilden eine Basis von $\mathscr{D}_N(K/k)$ über $(F'+\mathfrak{M})/\mathfrak{M}$ und es ist $(F'+\mathfrak{M})/\mathfrak{M} \cong F'$. Andererseits ist $(F'+\mathfrak{M})/\mathfrak{M} = F_N$ und $\varDelta^j Z_{i,\varkappa} + \mathfrak{M} = d^j z_{i,\varkappa}$, womit alles gezeigt ist.

(2.3.2.2) *Es sei* $M = \{0, 1, \ldots, \sigma\}$, $N = \{0, 1, \ldots, \varrho\}$, *s eine ganze Zahl und* $\varrho \leq \sigma < p^{s+1}$; *ferner* $\boldsymbol{d}\colon K \to \mathscr{D}_N(K/k)$ *die universelle Derivation der Ordnung N von K über k und* $\partial\colon K \to \mathscr{D}_M(K/k)$ *die universelle Derivation der Ordnung M von K über k,* η_N^M *der in* (1.5.2.2) *eingeführte Homomorphismus von* $\mathscr{D}_N(K/k)$ *in* $\mathscr{D}_M(K/k)$ *mit* $\partial^n = \eta_N^M \circ d^n$ *für alle* $n \in N$. *Dann gilt mit den Bezeichnungen von* (2.3.1): *Der Unterring*

$$F_N^M = K\left[\left\{\partial^j z_{i,\varkappa} \,\middle|\, 1 \leq j \leq \varrho,\ 0 \leq i \leq s,\ 1 \leq \varkappa \leq n_i;\ j > \frac{\sigma}{p^{i+1}}\right\}\right]$$

von $\mathscr{D}_M(K/k)$ *ist Polynomring über K in den* $\partial_j z_{i,\varkappa}$ *und*

$$\mathfrak{B}_N^M = \left\{\prod_{i=0}^{t(M)}\ \prod_{\substack{1 \leq j \leq \varrho \\ j \leq \frac{\sigma}{p^{i+1}} \\ 1 \leq \varkappa \leq n_i}} (\partial^j z_{i,\varkappa})^{\nu_{j,i,\varkappa}} \,\middle|\, 0 \leq \nu_{j,i,\varkappa} < p^{i+1}\right\}$$

ist eine Linearbasis von $\eta_N^M(\mathscr{D}_N(K/k))$ *über* F_N^M.

Beweis. Daß F_N^M Polynomring über K in den $\partial^j z_{i,\varkappa}$ ist, folgt aus der Tatsache, daß nach (2.3.2.1) sogar der größere Ring

$$F_M = K\left[\left\{\partial^j z_{i,\varkappa} \,\middle|\, 1 \leq j \leq \sigma,\ 0 \leq i \leq s,\ 1 \leq \varkappa \leq n_i;\ j > \frac{\sigma}{p^{i+1}}\right\}\right].$$

Polynomring über K in den $\partial^j z_{i,\varkappa}$ ist. Ferner ist $\mathfrak{B}_N^M$ Teilmenge der nach (2.3.2.1) über F_M linear unabhängigen Menge $\mathfrak{B}_M$, also ist auch $\mathfrak{B}_N^M$ linear unabhängig über F_M und somit erst recht über F_N^M. Es bleibt zu zeigen: $\eta_N^M(\mathscr{D}_N(K/k)) = F_N^M\langle\mathfrak{B}_N^M\rangle$. Es ist jedenfalls

$$\eta_N^M(\mathscr{D}_N(K/k)) = \eta_N^M(K[\{d^j z_{i,\varkappa} \mid 1 \leq j \leq \varrho,\ 0 \leq i \leq s,\ 1 \leq \varkappa \leq n_i\}])$$

$$= K[\{\partial^j z_{i,\varkappa} \mid 1 \leq j \leq \varrho,\ 0 \leq i \leq s,\ 1 \leq \varkappa \leq n_i\}]$$

$$= F_N^M\left[\left\{\partial^j z_{i,\varkappa} \,\middle|\, 0 \leq i \leq t(M),\ 1 \leq \varkappa \leq n_i,\ 1 \leq j \leq \varrho,\ j \leq \frac{\sigma}{p^{i+1}}\right\}\right],$$

und $F_N^M\langle\mathfrak{B}_N^M\rangle$ ist darin enthalten. Man zähle nun die Tripel

$$\left\{(j, i, \varkappa) \,\middle|\, 0 \leq i \leq t(M),\ 1 \leq \varkappa \leq n_i,\ 1 \leq j \leq \varrho,\ j \leq \frac{\sigma}{p^{i+1}}\right\}$$

in irgend einer Reihenfolge so ab, daß zunächst alle Tripel mit $i = t(M)$, dann alle Tripel mit $i = t(M)-1$ usw., zuletzt alle Tripel mit $i = 0$ kommen und bezeichne die $\partial^j z_{i,\varkappa}$ in dieser Abzählung der Indizes mit $y_1, \ldots, y_m$. Nach dem letzten Teil von (2.3.2.1) hat man dann für jedes τ ein Polynom $H_\tau(Y_1, \ldots, Y_\tau)$, das als Polynom in Y_τ den höchsten Koeffizienten 1 und die übrigen Koeffizienten aus $F_N^M[Y_1, \ldots, Y_{\tau-1}]$ hat mit $\mathrm{Grad}_{Y_\tau}(H_\tau) = p^{i+1}$, wenn τ die Nummer des Tripels $(j, i, \varkappa)$ ist, und $H_\tau(y_1, \ldots, y_\tau) = 0$. Die Polynome $H_1, \ldots, H_m$ liegen jedenfalls im Kern des kanonischen Homomorphismus

$$F_N^M[Y_1, \ldots, Y_m] \to F_N^M[y_1, \ldots, y_m] = \eta_N^M(\mathscr{D}_N(K/k)),$$

und nach (2.1.1), 1) ist jedes Polynom aus $F_N^M[Y_1, \ldots, Y_m]$ modulo $(H_1, \ldots, H_m)$ kongruent zu einem Polynom, das in jedem Y_τ vom Grad $< p^{i+1}$ ist (wenn τ die Nummer des Tripels $[j, i, \varkappa]$ ist). Also liegt jedes Element von $F_N^M[y_1, \ldots, y_m]$ schon in $F_N^M\langle \mathfrak{B}_N^M\rangle$.   q.e.d.

(2.3.3) Lineare Abhängigkeit von Differentialen und p-Abhängigkeit von Körperelementen.

(2.3.3.1) Es seien s eine nichtnegative ganze Zahl, $N = \{0, 1, \ldots, p^s\}$, $d: K \to \mathscr{D}_N(K/k)$ die universelle Derivation der Ordnung N von K über k, $y_1, \ldots, y_m$ Elemente von K. Dann sind die folgenden Aussagen äquivalent:

1) *$\{y_1^{p^s}, \ldots, y_m^{p^s}\}$ ist eine p-Basis von $K^{p^s}\cdot k$ über k.*

2) *$\{y_1, \ldots, y_m\}$ ist maximal mit der Eigenschaft, daß $(d^1 y_1)^{p^s}, \ldots, (d^1 y_m)^{p^s}$ linear unabhängig über K sind.*

3) *$\{y_1, \ldots, y_m\}$ ist maximal mit der Eigenschaft, daß*

$$\{d^j y_\varkappa \mid 1 \leq j \leq p^s, \ 1 \leq \varkappa \leq m\}$$

algebraisch unabhängig über K ist.

Beweis. 1) $\Rightarrow$ 2): Man wähle in (2.3.1.2) $S_s = \{y_1, \ldots, y_m\}$, also $n_s = m$ und $z_{s,\varkappa} = y_\varkappa$. Dann folgt aus (2.3.2.1) mit $\varrho = p^s$, daß die Menge $\{d^j y_\varkappa \mid 1 \leq j \leq p^s, \ 1 \leq \varkappa \leq m\}$ algebraisch unabhängig über K ist, also sind speziell die $(d^1 y_1)^{p^s}, \ldots, (d^1 y_m)^{p^s}$ linear unabhängig über K. Maximal mit dieser Eigenschaft: Sei y ein von allen $y_1, \ldots, y_m$ verschiedenes Element von K, dann gilt, weil y^{p^s} in $K^{p^s}\cdot k$ liegt und die $y_\varkappa^{p^s}$ eine p-Basis von $K^{p^s}\cdot k$ über k sind,

$$y^{p^s} = \sum_{0 \leq \nu_1, \ldots, \nu_m < p} a_{\nu_1, \ldots, \nu_m}(y_1^{\nu_1} \cdots y_m^{\nu_m})^{p^s}$$

mit $a_{\nu_1, \ldots, \nu_m} \in K^{p^{s+1}}\cdot k$. Die Anwendung von d^{p^s} liefert:

$$(d^1 y)^{p^s} = d^{p^s} y^{p^s} = \sum_{0 \leq \nu_1, \ldots, \nu_m < p} \alpha_{\nu_1, \ldots, \nu_m}\big(d^1(y_1^{\nu_1} \cdots y_m^{\nu_m})\big)^{p^s}$$

$$= \sum_{\varkappa=1}^{m}\bigg(\sum_{0 \leq \nu_1, \ldots, \nu_m < p} \alpha_{\nu_1, \ldots, \nu_m}(\nu_\varkappa \cdot y_1^{\nu_1} \cdots y_\varkappa^{\nu_\varkappa - 1} \cdots y_m^{\nu_m})^{p^s}\bigg)(d^1 y_\varkappa)^{p^s}.$$

Also ist $(d^1 y)^{p^s}$ linear abhängig über K von $(d^1 y_1)^{p^s}, \ldots, (d^1 y_m)^{p^s}$. q.e.d.

1) $\Rightarrow$ 3): Zunächst ist die in 3) angegebene Menge $\{d^j y_\varkappa\}$ algebraisch unabhängig über K, wie in 1) $\Rightarrow$ 2) gezeigt wurde. Maximal mit dieser Eigenschaft: Sei y ein von allen $y_\varkappa$ verschiedenes Element von K. Dann ist nach 1) $\Rightarrow$ 2) $(d^1 y)^{p^s}$ linear abhängig über K von $(d^1 y_1)^{p^s}, \ldots, (d^1 y_m)^{p^s}$, also ist die Menge $\{d^j y, d^j y_\varkappa \mid 1 \leq j \leq p^s, 1 \leq \varkappa \leq m\}$ algebraisch abhängig über K. q.e.d.

2) $\Rightarrow$ 1): Zunächst sind $y_1^{p^s}, \ldots, y_m^{p^s}$ p-unabhängig in $K^{p^s} \cdot k$ über k; denn sonst wäre etwa $y_1^{p^s} \in K^{p^{s+1}} \cdot k [y_2^{p^s}, \ldots, y_m^{p^s}]$ d.h. $y_1^{p^s} = \sum a_{v_2, \ldots, v_m} (y_2^{v_2} \cdots y_m^{v_m})^{p^s}$ mit $a_{v_2, \ldots, v_m} \in K^{p^{s+1}} \cdot k$. Wie in 1) $\Rightarrow$ 2) folgt daraus die lineare Abhängigkeit von $(d^1 y_1)^{p^s}$ über K von $(d^1 y_2)^{p^s}, \ldots, (d^1 y_m)^{p^s}$ gegen Voraussetzung 2). Ergänze also $y_1, \ldots, y_m$ durch Elemente $x_1, \ldots, x_r \in K$, so daß $y_1^{p^s}, \ldots, y_m^{p^s}, x_1^{p^s}, \ldots, x_r^{p^s}$ eine p-Basis von $K^{p^s} \cdot k$ über k ist. Dann sind nach 1) $\Rightarrow$ 2) $(d^1 y_1)^{p^s}, \ldots, (d^1 y_m)^{p^s}$, $(d^1 x_1)^{p^s}, \ldots, (d^1 x_r)^{p^s}$ linear unabhängig über K. Wegen der Maximalität der Menge $\{y_1, \ldots, y_m\}$ bezüglich dieser Eigenschaft ist also $r = 0$. q.e.d.

3) $\Rightarrow$ 1): Aus der algebraischen Unabhängigkeit der $d^j y_\varkappa$ über k folgt speziell die lineare Unabhängigkeit von $(d^1 y_1)^{p^s}, \ldots, (d^1 y_m)^{p^s}$ über K, also nach 2) $\Rightarrow$ 1) die p-Unabhängigkeit von $y_1^{p^s}, \ldots, y_m^{p^s}$ in $K^{p^s} \cdot k$ über k. Ergänze also die $y_1, \ldots, y_m$ durch Elemente $x_1, \ldots, x_m$ aus K, so daß $y_1^{p^s}, \ldots, y_m^{p^s}, x_1^{p^s}, \ldots, x_r^{p^s}$ eine p-Basis von $K^{p^s} \cdot k$ über k ist. Nach 1) $\Rightarrow$ 3) ist dann die Menge

$$\{d^j y_\varkappa, d^j x_i \mid 1 \leq j \leq p^s, 1 \leq \varkappa \leq m, 1 \leq i \leq r\}$$

algebraisch unabhängig über K, also wegen der Maximalität von $\{y_1, \ldots, y_m\}$ mit dieser Eigenschaft $r = 0$. q.e.d.

(2.3.3.2) *Es seien s eine nichtnegative Zahl, $N = \{0, 1, \ldots, p^s\}$, $d \colon K \to \mathscr{D}_N(K/k)$ die universelle Derivation der Ordnung N von K über k, $y_1, \ldots, y_r, y$ Elemente aus K. Dann sind die folgenden Aussagen äquivalent:*

1) $y^{p^s} \in K^{p^{s+1}} \cdot k (y_1^{p^s}, \ldots, y_r^{p^s})$.

2) $(d^1 y)^{p^s}$ *ist linear abhängig über K von* $(d^1 y_1)^{p^s}, \ldots, (d^1 y_r)^{p^s}$.

1) $\Rightarrow$ 2): Aus $y^{p^s} = \sum_{v_1, \ldots, v_r} a_{v_1, \ldots, v_r} (y_1^{v_1} \cdots y_r^{v_r})^{p^s}$ folgt, daß $(d^1 y)^{p^s}$ über K von $(d^1 y_1)^{p^s}, \ldots, (d^1 y_r)^{p^s}$ linear abhängig ist wie in (2.2.3.1), 1) $\Rightarrow$ 2).

2) $\Rightarrow$ 1): Wir setzen ohne Einschränkung der Allgemeinheit voraus, daß $(d^1 y_1)^{p^s}, \ldots, (d^1 y_r)^{p^s}$ linear unabhängig über K sind.

Nach 1) $\Rightarrow$ 2) sind dann $y_1^{p^s}, \ldots, y_r^{p^s}$ p-unabhängig in $K^{p^s}\cdot k$ über k. Wäre nun $y^{p^s} \notin K^{p^{s+1}}\cdot k(y_1^{p^s}, \ldots, y_r^{p^s})$ so wären $y^{p^s}, y_1^{p^s}, \ldots, y_r^{p^s}$ p-unabhängig in $K^{p^s}\cdot k$ über k, also gäbe es Elemente $x_1, \ldots, x_t \in K$, so daß $y^{p^s}, y_1^{p^s}, \ldots, y_r^{p^s}, x_1^{p^s}, \ldots, x_t^{p^s}$ eine p-Basis von $K^{p^s}\cdot k$ über k bilden. Nach (2.3.3.1) folgte dann, daß $(d^1 y)^{p^s}, (d^1 y_1)^{p^s}, \ldots, (d^1 y_r)^{p^s}$ linear unabhängig über K wären im Widerspruch zur Voraussetzung 2). Also liegt y^{p^s} in $K^{p^{r+1}}\cdot k(y_1^{p^s}, \ldots, y_r^{p^s})$.　q.e.d.

2.4. Separabilität und tensorielle Ausdehnbarkeit

Es ist das Ziel dieses Abschnittes, die Zusammenhänge zwischen Separabilität und tensorieller Ausdehnbarkeit von Derivationen kurz zu beleuchten.

Für eine eingehende Diskussion der Zusammenhänge zwischen Separabilität und linearer Disjunktheit sei auf [6] und [7] verwiesen. Eine ausführliche Darstellung der Zusammenhänge zwischen der Erzeugung einer endlichen Körpererweiterung und ihrem Differentialmodul findet man in [6], [10], [11].

(2.4.1) insep (K/k).

Es seien $K \supseteq k$ Körper, K endlich erzeugbar über k, $D(K/k)$ der Differentialmodul von K über k im Sinne von [10], [1]. Nach (1.5.2.1) ist also $D(K/k)$ der K-Vektorraum der homogenen Elemente ersten Grades einer jeden Differentialalgebra $\mathscr{D}_N(K/k)$ mit $N \neq \{0\}$. Da K/k endlich erzeugt ist, ist auch $D(K/k)$ als K-Vektorraum endlich erzeugbar. Die Dimension von $D(K/k)$ als K-Vektorraum bezeichnen wir mit $\dim_K D(K/k)$. Ferner bezeichnen wir den Transzendenzgrad von K über k mit $\dim\frac{K}{k}$. Im Anschluß an [11], 19. definieren wir: $\dim_K D(K/k) - \dim\frac{K}{k} = \operatorname{insep}(K/k)$ heißt die Inseparabilität von K über k.

(2.4.1.1) Ist L ein Oberkörper von K, L endlich erzeugbar über K, so gilt ([11], 20.): $\operatorname{insep}(L/k) \geqq \operatorname{insep}(K/k)$, speziell ist stets $\operatorname{insep}(L/k) \geqq 0$.

Beweis. Sei $K \subseteq L_1 \subseteq L_2 = L_1(x) \subseteq L$. Dann ist nach (1.4.3.1), angewandt auf die homogenen Elemente vom Grad 1: $D(L_2/k) = (L_2 \otimes_{L_1} D(L_1/k) \oplus L_2 \cdot \Delta^1 X)/L_2 \cdot \Delta^1 f$, wenn f das Minimalpolynom von x über L_1 ist. Ist $f = 0$, also x transzendent über L_1, so ist

$$\dim_{L_2} D(L_2/k) = \dim_{L_2}(L_2 \otimes_{L_1} D(L_1/k)) + 1 = \dim_{L_1} D(L_1/k) + 1$$

und auch

$$\dim \frac{L_2}{k} = \dim \frac{L_1}{k} + 1,$$

also $\operatorname{insep}(L_2/k) = \operatorname{insep}(L_1/k)$. Im Falle $f \neq 0$ ist

$$\dim \frac{L_2}{k} = \dim \frac{L_1}{k} \quad \text{und} \quad \dim_{L_2} D(L_2/k) = \begin{cases} \dim_{L_1} D(L_1/k), \\ \qquad \text{falls} \quad \Delta^1 f \neq 0 \\ \dim_{L_1} D(L_1/k) + 1, \\ \qquad \text{falls} \quad \Delta^1 f = 0, \end{cases}$$

also $\operatorname{insep}(L_2/k) \geqq \operatorname{insep}(L_1/k)$. Da sich L über k in endlich vielen einfachen Schritten erzeugen läßt, folgt die Behauptung. Trivialerweise ist $\operatorname{insep}(k/k) = 0$, also folgt im Spezialfall $K = k$, daß stets $\operatorname{insep}(L/k) \geqq 0$ ist.   q.e.d.

(2.4.1.2) Es ist $D(K/k) = (0)$ genau dann, wenn K separabel algebraisch über k ist.

Beweis. Ist K über k separabel algebraisch, so ist $D(K/k) = (0)$ nach (2.2.2). Umgekehrt: Sei K nicht separabel algebraisch über k. Dann gibt es ein $x \in K$, so daß für das Minimalpolynom $f(X)$ von x über k gilt $f'(X) = 0$, wenn $f'(X)$ die formale Ableitung von $f(X)$ nach X bezeichnet. (Nämlich entweder x transzendent über k, also $f = 0$, oder x inseparabel algebraisch über k.) Sei $L = k(x)$, so ist nach (1.4.1.2) $D(L/k) = L \cdot \Delta^1 X/L \cdot f'(x) \cdot \Delta^1 X = L \cdot \Delta^1 X$, also $\dim_L D(K/k) = 1$ und daher

$$\operatorname{insep}(L/k) = \begin{cases} 0, \text{ falls } x \text{ transzendent über } k \text{ ist} \\ 1, \text{ falls } x \text{ algebraisch über } k \text{ ist} \end{cases}.$$

Nach (2.4.1.1) ist daher

$$\operatorname{insep}(K/k) \geqq \begin{cases} 0, \text{ falls } x \text{ transzendent über } k \text{ ist} \\ 1, \text{ falls } x \text{ algebraisch über } k \text{ ist} \end{cases},$$

also in jedem Falle $\dim_K D(K/k) \geqq 1$.   q.e.d.

(2.4.1.3) Sei nun die Charakteristik von k eine Primzahl p. Nach (2.3.3.1), angewandt im Falle $s = 0$, ist dann die Maximalzahl über K linear unabhängiger Elemente der Gestalt $d^1 y$, $y \in K$, gleich der Anzahl der Elemente in einer p-Basis von K über k. Da die Elemente der Gestalt $d^1 y$, $y \in K$, $D(K/k)$ als K-Vektorraum erzeugen, folgt:

$$\operatorname{insep}(K/k) = p\text{-Grad}(K/k) - \dim \frac{K}{k}.$$

(2.4.2) *Es sei k ein Körper von Primärzahlcharakteristik p, K ein Oberkörper von k* (nicht notwendig K über k endlich erzeugbar). *Dann sind die folgenden Aussagen äquivalent.*

1) *Jeder über k endlich erzeugbare Zwischenkörper Z mit $k \subseteq Z \subseteq K$ besitzt eine separierende Transzendenzbasis über k.*

2) *Für jeden Abschnitt N der nichtnegativen ganzen Zahlen besitzt jede Derivation der Ordnung N von k eine tensorielle Ausdehnung auf K.*

3) *K^p und k sind als Unterkörper von K linear disjunkt über k^p.*

4) *Für jeden über k endlich erzeugbaren Zwischenkörper Z mit $k \subseteq Z \subseteq K$ ist* insep $(Z/k) = 0$.

Beweis. 1) $\Rightarrow$ 2) wurde in (2.2.4) gezeigt.

2) $\Rightarrow$ 3): Es genügt zu zeigen: Es gibt eine Linearbasis von k über k^p, die über K^p linear unabhängig ist. Es sei $\{x_i \mid i \in I\}$ eine p-Basis von k über k^p. Dann bilden die Produkte $\left\{ \prod_{i \in I} x_i^{\nu_i} \mid, 0 \leqq \nu_i < p, \right.$ fast alle $\left. \nu_i = 0 \right\}$ eine Linearbasis von k über k^p. Wir zeigen, daß diese Basis über K^p linear unabhängig ist, d.h. daß die $\{x_i \mid i \in I\}$ in K über K^p p-unabhängig sind. Wären sie p-abhängig über K^p, so gäbe es endlich viele unter ihnen, etwa $x_1, \ldots, x_m$ und Elemente $a_{\nu_2, \ldots, \nu_m} \in K^p$ mit $\displaystyle\sum_{0 \leqq \nu_2, \ldots, \nu_m < p} a_{\nu_2, \ldots, \nu_m} \cdot x_2^{\nu_2} \cdots x_m^{\nu_m} = x_1$. Sei

$$k' = k^p \left(\{ x_i \mid i \in I, i \neq 1, \ldots, m \} \right).$$

Dann ist $k = k'(x_1, \ldots, x_m)$ und $\{x_1, \ldots, x_m\}$ ist eine p-Basis von k über k'. Sei $\boldsymbol{D}$ die universelle Derivation der Ordnung $\{0, 1\}$ von k über k'. Nach (2.3.3.1) für $s = 0$ sind dann $D^1 x_1, \ldots, D^1 x_m$ eine Linearbasis von $D(k/k')$ über k. Sei ferner (∂, φ) die universelle Ausdehnung der Ordnung $\{0, 1\}$ von $\boldsymbol{D}$ auf K. Aus der p-Abhängigkeit der $x_1, \ldots, x_m$ folgt nach (2.3.3.1), 1) $\Rightarrow$ 2) die lineare Abhängigkeit von $\partial^1 x_1, \ldots, \partial^1 x_m$ über K. Andererseits ist mit den Bezeichnungen von (1.2.9) $\partial^1 x_i = \varphi \circ D^1 x_i = \theta(1 \otimes D^1 x_i)$ für alle $i = 1, \ldots, m$ und die $1 \otimes D^1 x_i$ sind über K linear unabhängig in $K \otimes_k D(k/k')$. Nach Voraussetzung ist (∂, φ) tensorielle Ausdehnung von $\boldsymbol{D}$, also ϑ injektiv; also sind auch $\partial^1 x_1, \ldots, \partial^1 x_m$ linear unabhängig über K im Widerspruch zu dem oben erhaltenen. Daher ist $\{x_i \mid i \in I\}$ p-unabhängig in K über K^p. q.e.d.

3) $\Rightarrow$ 4): Sei Z ein Körper wie in 4), $\dim_Z D(Z/k) = r$, $\boldsymbol{d}$ die universelle Derivation der Ordnung $\{0, 1\}$ von Z über k und $d^1 y_1, \ldots,$ $d^1 y_r$ eine Linearbasis von $D(Z/k)$ über Z. Wir zeigen, daß $y_1, \ldots, y_r$

algebraisch unabhängig über k sind. Es folgt dann: $\mathrm{insep}\,(Z/k) \leqq r - r = 0$, also, da $\mathrm{insep}\,(Z/k) \geqq 0$ ist, $\mathrm{insep}\,(Z/k) = 0$. Wären die $y_1, \ldots, y_r$ algebraisch abhängig über k, so gäbe es ein Polynom $f(Y_1, \ldots, Y_r) \in k[Y_1, \ldots, Y_r]$, $f(Y_1, \ldots, Y_r) \neq 0$ mit minimalem Gesamtgrad und $f(y_1, \ldots, y_r) = 0$. Die Anwendung von d^1 liefert

$$\sum_{i=1}^{r} \frac{\partial f(y_1, \ldots, y_r)}{\partial y_i} \cdot d^1 y_i = 0,$$

also

$$\frac{\partial f(y)}{\partial y_i} = 0 \quad \text{für alle} \quad i = 1, \ldots, r,$$

weil die $d^1 y_i$ linear unabhängig über K sind. Da der Gesamtgrad von $\dfrac{\partial f(Y_1, \ldots, Y_r)}{\partial Y_i}$ kleiner ist als der Gesamtgrad von $f(Y_1, \ldots, Y_r)$, folgt, daß alle partiellen Ableitungen von f das Nullpolynom sind, also ist $f(Y_1, \ldots, Y_r) = \displaystyle\sum_{0 \leqq \mu_1, \ldots, \mu_r \leqq \mu} c_{\mu_1, \ldots, \mu_r} (Y_1^{\mu_1} \cdots Y_r^{\mu})^p$ mit $c_{\mu_1, \ldots, \mu_r} \in k$, nicht alle $c_{\mu_1, \ldots, \mu_r} = 0$. $f(y_1, \ldots, y_r) = 0$ bedeutet, daß die Elemente $\{(y_1^{\mu_1} \cdots y_r^{\mu_r})^p \mid 0 \leqq \mu_i \leqq \mu, \; c_{\mu_1, \ldots, \mu_r} \neq 0\}$ linear abhängig über k sind. Da sie aus K^p stammen, sind sie nach Voraussetzung 3) auch linear abhängig über k^p, d.h. es gibt Elemente $b_{\mu_1, \ldots, \mu_r} \in k$, nicht alle $= 0$, mit

$$\sum_{\substack{0 \leqq \mu_1, \ldots, \mu_r \leqq \mu \\ c_{\mu_1, \ldots, \mu_r} \neq 0}} b_{\mu_1, \ldots, \mu_r}^p \cdot (y_1^{\mu_1} \cdots y_r^{\mu_r})^p = 0.$$

Sei

$$h(Y_1, \ldots, Y_r) = \sum_{\substack{0 \leqq \mu_1, \ldots, \mu_r \leqq \mu \\ c_{\mu_1, \ldots, \mu_r} \neq 0}} b_{\mu_1, \ldots, \mu_r} Y_1^{\mu_1} \cdots Y_r^{\mu_r}.$$

Dann ist der Gesamtgrad von h höchstens der p-te Teil des Gesamtgrades von f und $h(y_1, \ldots, y_r) = 0$ im Widerspruch zur Wahl von f. q.e.d.

4) $\Rightarrow$ 1): Sei Z ein Zwischenkörper wie in 1) angegeben und sei $r = \dim \dfrac{Z}{k}$. Dann ist nach Voraussetzung 4) auch $r = \dim_Z D(Z/k)$, also gibt es Elemente $y_1, \ldots, y_r \in Z$ so daß $d^1 y_1, \ldots, d^1 y_r$ eine Linearbasis von $D(Z/k)$ über Z bilden, d die universelle Derivation der Ordnung $N = \{0, 1\}$ von Z über k. Sei $Z' = k(y_1, \ldots, y_r)$. Nach (1.5.1.7) ist dann $\mathscr{D}_N(Z/Z') = \mathscr{D}_N(Z/k)/\mathfrak{N}$, wo $\mathfrak{N}$ das von den $d^1 y_1, \ldots, d^1 y_r$ erzeugte Ideal ist, also ist der Untermodul der Elemente vom Grad 1 von $\mathscr{D}_N(Z/Z')$ der Nullmodul, weil die $d^1 y_1, \ldots, d^1 y_r$ den Untermodul der Elemente vom Grad 1 von $\mathscr{D}_N(Z/k)$ erzeugen. Es folgt $D(Z/Z') = (0)$ und nach (2.4.1.2) weiter;

Z separabel algebraisch über Z'. Wegen $r = \dim \frac{Z}{k}$ ist also $\{y_1, \ldots, y_r\}$ eine separierende Transzendenzbasis von Z über k. q.e.d.

(2.4.3) Benutzt man die Tatsache, daß bei Derivationen in Moduln im Sinne von [*10*], [*1*], [*2*] nach [*2*], Satz 1 mit einer Derivation auch jede Spezialisierung dieser Derivation eine tensorielle Ausdehnung besitzt (was bei den hier vor allem betrachteten höheren Derivationen im allgemeinen wohl nicht gilt), so läßt sich der Satz (2.4.2) noch etwas ergänzen:

Es sei k ein Körper von Primzahlcharakteristik, K ein Oberkörper. Dann sind die folgenden 7 Aussagen äquivalent:

1), 2), 3), 4) *wie in* (2.4.2).

5) *Für ein festes $N \neq \{0\}$ besitzt die absolute universelle Derivation der Ordnung N von k eine tensorielle Ausdehnung auf K.*

6) *Die absolute Differentiation von k im Sinne von [2] besitzt eine tensorielle Ausdehnung auf K.*

7) *Jede Derivation von k in einen k-Modul im Sinne von [2] besitzt eine tensorielle Ausdehnung auf K.*

Beweis. 2) $\Rightarrow$ 5) gilt trivialerweise.

5) $\Rightarrow$ 6): Es sei d die absolute universelle Derivation der Ordnung N von k. Dann ist die Einschränkung d von d^1 auf den Bildbereich $D(k)$ der homogenen Elemente vom Grad 1 von $\mathscr{D}_N(k)$ nach (1.2.5.1) die absolute Differentiation von k. Sei (∂, φ) die nach 5) existierende tensorielle Ausdehnung von d auf K. Dann ist $K \otimes_k D(k)$ im Sinne kanonischer Isomorphie in dem von $\partial^1 K$ erzeugten K-Untermodul von $[K, \partial K]$ enthalten. Also ist die Einschränkung von ∂^1 auf diesen Bildbereich tensorielle Ausdehnung von d. q.e.d.

6) $\Rightarrow$ 7) gilt nach Satz 1 von [*2*].

7) $\Rightarrow$ 3): Man schließt wörtlich wie in (2.4.2), 2) $\Rightarrow$ 3) mit der universellen Derivation D von k über k' anstelle von D^1. Da D die Einschränkung von D^1 auf $D(k/k')$ als Bildbereich ist, sind wieder $Dx_1, \ldots, Dx_m$ linear unabhängig über K. Man nimmt nun die universelle Ausdehnung ∂ von d auf K. Diese ist nach Voraussetzung tensoriell und man schließt weiter wie zuvor mit ∂ anstelle von ∂^1. q.e.d.

Da 1) $\Rightarrow$ 2), 3) $\Rightarrow$ 4) und 4) $\Rightarrow$ 1) schon in (2.4.2) gezeigt wurde, ist man damit fertig.

2.5. Der Inseparabilitätsexponent

Es seien im folgenden $K \supseteq k$ Körper von Primzahlcharakteristik p, K endlich erzeugbar über k.

(2.5.1) Ist $x_1, \ldots, x_m$ eine Transzendenzbasis vom K über k, K' der maximale über $k(x_1, \ldots, x_m)$ separable Zwischenkörper zwischen K und $k(x_1, \ldots, x_m)$, so gibt es eine nichtnegative ganze Zahl s mit $K^{p^s} \subseteq K'$. Bezeichnet $d = \{d^0, d^1\}$ die universelle Derivation der Ordnung $\{0, 1\}$ von K' über k, so ist nach (2.2.1) $d^1 x_1, \ldots, d^1 x_m$ eine K'-Basis von $D(K'/k)$ und daher $\operatorname{insep}(K'/k) = 0$. Nach (2.4.1.1) ist dann auch $\operatorname{insep}(K^{p^s} \cdot k/k) = 0$, also ist $K^{p^s} \cdot k$ separabel über k nach (2.4.2) im Sinne der Definition von (2.2.3).

(2.5.2) **Definition** (F. K. SCHMIDT). *Die kleinste nichtnegative ganze Zahl r, so daß $K^{p^r} \cdot k$ separabel über k ist, heißt der Inseparabilitätsexponent von K über k und wird mit $\operatorname{inex}(K/k)$ bezeichnet.*

Nach dem oben gesagten existiert stets eine solche Zahl. Ferner ist offenbar $\operatorname{inex}(K/k) = 0$ gleichbedeutend damit, daß K über k separabel ist. Ist K algebraisch über k, so ist $\operatorname{inex}(K/k)$ der Steinitzsche Exponent der Körpererweiterung.

(2.5.3) **Satz (F. K. Schmidt [12]).** *Für jeden Abschnitt $N \neq \{0\}$ der nichtnegativen ganzen Zahlen gilt:* $\operatorname{verex} \mathscr{D}_N(K/k) = p^r$ *mit* $r = \operatorname{inex}(K/k)$.

Beweis. Sei $N = \{0, 1, \ldots, \varrho\}$, $\varrho \geq 1$. Wir verwenden die Bezeichnungen von (1.5.2) und (1.5.3).

Wir betrachten zunächst den Fall $r = 0$. Dann ist K separabel über k. Sei $x_1, \ldots, x_m$ eine separierende Transzendenzbasis von K über k, $d_M = \{d_M^j \mid j \in M\}$ für alle M die universelle Derivation der Ordnung M von K über k. Dann ist nach (2.2.3)

$$\{d_M^j(x_i) \mid 1 \leq i \leq m, j \neq 0, j \in M\}$$

für alle M ein über K algebraisch unabhängiges Erzeugendensystem von $\mathscr{D}_M(K/k)$ über K. Ferner ist $\eta_N^M(d_N^j(x_i)) = d_M^j(x_i)$, also $\operatorname{Ker} \eta_N^M = (0)$ für alle $M \supseteq N$ und daher auch $\operatorname{Ker} \eta_N = 0$ und $\operatorname{verex} \mathscr{D}_N(K/k) = 1 = p^0$. q.e.d.

Sei nun $r \geq 1$.

Es ist zu zeigen:

1) $\operatorname{Ker} \eta_N^{N'} \neq \operatorname{Ker} \eta_N$ für $N' = \{0, 1, \ldots, \varrho \cdot p^r - 1\}$, d.h. $\operatorname{verex} \mathscr{D}_N(K/k) \geq p^r$, und

2) $\operatorname{Ker} \eta_N^{N''} = \operatorname{Ker} \eta_N$ für $N'' = \{0, 1, \ldots, \varrho \cdot p^r\}$, d.h. $\operatorname{verex} \mathscr{D}_N(K/k) \leq p^r$.

Wir beachten nun, daß nach (1.5.3.2) die η_N^M ein direktes System bilden und η_N die kanonische Abbildung von $\mathscr{D}_N(K/k)$ in den direkten Limes bezüglich der η_N^M ist. Daher ist zunächst $\eta_N = \eta_{N''} \circ \eta_N^{N''}$, also genügt es, anstelle von 1) zu zeigen:

1') $\operatorname{Ker} \eta_N^{N'} < \operatorname{Ker} \eta_N^{N''}$ (echt enthalten), mit N' wie in 1) und N'' wie in 2).

Ferner ist $\operatorname{Ker} \eta_N = \bigcup_{\substack{M \geq N'' \\ M \text{ endlich}}} \operatorname{Ker} \eta_N^M$ und $\eta_N^M = \eta_{N''}^M \circ \eta_N^{N''}$. Sei H^M die Einschränkung von $\eta_{N''}^M$ auf den Definitionsbereich $\eta_N^{N''}(\mathscr{D}_N(K/k))$. Dann genügt es also, anstelle von 2) zu zeigen:

2'') $\operatorname{Ker} \mathsf{H}^M = (0)$ für alle endlichen $M \geq N''$, mit N'' wie in 2).

Vorbemerkung: Es seien $y_1, \ldots, y_m \in K$ so gewählt, daß $y_1^{p^r}, \ldots, y_m^{p^r}$ eine p-Basis von $K^{p^r} \cdot k$ über k bilden. Dann bilden $y_1^{p^\sigma}, \ldots, y_m^{p^\sigma}$ eine p-Basis für $K^{p^\sigma} \cdot k$ über k für alle $\sigma \geq r$. Denn zunächst ist $K^{p^r} \cdot k = K^{p^{r+1}} \cdot k(y_1^{p^r}, \ldots, y_m^{p^r})$, also auch $K^{p^\sigma} \cdot k = K^{p^{\sigma+1}} \cdot k(y_1^{p^\sigma}, \ldots, y_m^{p^\sigma})$ und

$$m = p\text{-Grad}(K^{p^r} \cdot k/k) = \dim \frac{K^{p^r} \cdot k}{k} = \dim \frac{K}{k} \quad \text{wegen} \quad \operatorname{insep}(K^{p^r} \cdot k/k)$$

$= 0$. Wären $y_1^{p^\sigma}, \ldots, y_m^{p^\sigma}$ in $K^{p^\sigma} \cdot k$ p-abhängig über k, so wäre p-$\operatorname{Grad}(K^{p^\sigma} \cdot k/k) < m$, was unmöglich ist, da $m = \dim \dfrac{K}{k} = \dim \dfrac{K^{p^\sigma} \cdot k}{k}$ und stets p-$\operatorname{Grad} - \dim = \operatorname{insep} \geq 0$ ist. Sei nun s eine beliebige natürliche Zahl, $s \geq r$. In der Konstruktion der p-Basis nach (2.3.1.2) kann man nach dem eben festgestellten $S_s = \{y_1, \ldots, y_m\}$ wählen.

Es ist dann $S_{s-1} = S_{s-2} = \cdots = S_r = \emptyset$, da $S_s^{p^{p^\sigma}}$ auch eine p-Basis für $K^{p^\sigma} \cdot k$ über k für alle σ mit $s \geq \sigma \geq r$ ist, aber $S_{r-1} \neq \emptyset$. Denn wäre auch $S_{r-1} = \emptyset$, so wäre p-$\operatorname{Grad}(K^{p^{r-1}} \cdot k/k) = m = \dim \dfrac{K}{k} = \dim \dfrac{K^{p^{r-1}} \cdot k}{k}$, also $\operatorname{insep}(K^{p^{r-1}} \cdot k/k) = 0$, was der Definition von $r = \operatorname{inex}(K/k)$ widerspricht. Man hat also in der Notation von (2.3.1.2) $n_s = m$, $z_{s,\varkappa} = y_\varkappa$ für $\varkappa = 1, \ldots, m$; $n_{s-1} = n_{s-2} = \cdots = n_r = 0$, aber $n_{r-1} \geq 1$. Wir bezeichnen $z_{r-1,1} = z$. Ferner folgt $K^{p^r} \cdot k = K^{p^s} \cdot k[y_1^{p^r}, \ldots, y_m^{p^r}]$.

Beweis von 1'): Sei $\boldsymbol{d}$ die universelle Derivation der Ordnung N, $\boldsymbol{d}'$ die universelle Derivation der Ordnung N' und $\boldsymbol{d}''$ die universelle Derivation der Ordnung N'' von K über k. Wähle ein s mit $\varrho \cdot p^r < p^{s+1}$. Dann gilt nach (2.3.2.1), da

$$\frac{\varrho \cdot p^r - 1}{p^{s+1}} = \frac{\varrho \cdot p^r}{p^{s+1}} - \frac{1}{p^{s+1}} < 1$$

und

$$\frac{\varrho \cdot p^r - 1}{p^r} = \varrho - \frac{1}{p^r} < \varrho$$

ist:
$$\{d''^{j}y_1, \ldots, d''^{j}y_m, d'^{\varrho}z \mid 1 \leq j \leq \varrho\}$$

ist algebraisch unabhängig über K in $\mathscr{D}_{N'}(K/k)$; aber in $\mathscr{D}_{N''}(K/k)$ gilt wegen

$$\frac{\varrho \cdot p^r}{p^r} = \varrho \geq \varrho:$$

$$(d''^{\varrho}z)^{p^r} - g_{\varrho,r-1,1}\big(\{(d''^{\tau}y_1)^{p^r}, \ldots, (d''^{\tau}y_m)^{p^r} \mid 1 \leq \tau \leq \varrho\}\big) = 0,$$

wobei die Koeffizienten des Polynoms $g_{\varrho,r-1,1}$ in K liegen. Es gilt also:
$$(d^{\varrho}z)^{p^r} - g_{\varrho,r-1,1}\big(\{(d^{\tau}y_1)^{p^r}, \ldots, (d^{\tau}y_m)^{p^r} \mid 1 \leq \tau \leq \varrho\}\big)$$

liegt in $\operatorname{Ker} \eta_N^{N''}$, aber nicht in $\operatorname{Ker} \eta_N^{N'}$, also ist $\operatorname{Ker} \eta_N^{N''} > \operatorname{Ker} \eta_N^{N'}$. q.e.d.

Beweis von 2'): Sei $\mathbf{d}''$ wie oben, ∂ die universelle Derivation der Ordnung M von K über k und $M = \{0, 1, \ldots, \sigma\}$. Wähle ein s mit $\sigma < p^{s+1}$. Nach (2.3.2.2) hat $\eta_N^{N''}\big(\mathscr{D}_N(K/k)\big)$ die Linearbasis

$$\mathfrak{B}_N^{N''} = \left\{\prod_{i=0}^{r-1} \prod_{\substack{1 \leq j \leq \varrho \\ 0 \leq \varkappa \leq n_i}} (d''^{j}z_{i,\varkappa})^{\nu_{j,i,\varkappa}} \,\Big|\, 0 \leq \nu_{j,i,\varkappa} < p^{i+1}\right\}$$

über dem Polynomring

$$F_N^{N''} = K[\{d''^{j}y_1, \ldots, d''^{j}y_m \mid 1 \leq j \leq \varrho\}].$$

(Beachte $S_{s-1} = \cdots = S_r = \emptyset$.)

Bei H^M werden die Elemente von $\mathfrak{B}_N^{N''}$ auf die Elemente

$$\left\{\prod_{i=0}^{r-1} \prod_{\substack{1 \leq j \leq \varrho \\ 1 \leq \varkappa \leq n_i}} (\partial^{j}z_{i,\varkappa})^{\nu_{j,i,\varkappa}} \,\Big|\, 0 \leq \nu_{j,i,\varkappa} < p^{i+1}\right\}$$

$$\leq \left\{\prod_{i=0}^{r-1} \prod_{\substack{1 \leq j \leq \frac{\sigma}{p^{i+1}} \\ 1 \leq \varkappa \leq n_i}} (\partial^{j}z_{i,\varkappa})^{\nu_{j,i,\varkappa}} \,\Big|\, 0 \leq \nu_{j,i,\varkappa} < p^{i+1}\right\} = \mathfrak{B}_M$$

abgebildet, und verschiedene Elemente von $\mathfrak{B}_N^{N''}$ gehen in verschiedene Elemente von $\mathfrak{B}_M$ über, da die Elemente von $\mathfrak{B}_M$ linear unabhängig über F_M sind, also speziell für verschiedene Tupel $(\nu_{j,i,\varkappa}) \neq (\nu'_{j,i,\varkappa})$ auch

$$\prod_{i=0}^{r-1} \prod_{\substack{1 \leq j \leq \varrho \\ 1 \leq \varkappa \leq n_i}} (\partial^{j}z_{i,\varkappa})^{\nu_{j,i,\varkappa}} \neq \prod_{i=0}^{r-1} \prod_{\substack{1 \leq j \leq \varrho \\ 1 \leq \varkappa \leq n_i}} (\partial^{j}z_{i,\varkappa})^{\nu'_{j,i,\varkappa}}$$

ist. Ferner bildet H^M durch $H^M(d''^{j}y_{\varkappa}) = \partial^{j}y_{\varkappa}$ den Ring $F_N^{N''}$ in

$$F_M = K\left[\left\{\partial^{j}z_{i,\varkappa} \,\Big|\, 0 \leq i \leq s, \, 1 \leq j \leq \sigma, \, 1 \leq \varkappa \leq n_i, \, j > \frac{\sigma}{p^{i+1}}\right\}\right]$$

ab, und da F_M Polynomring in den $\partial^j z_{i,\varkappa}$ und $\partial^j y_\varkappa = \partial^j z_{s,\varkappa}$ für $1 \leq j \leq \varrho$, $1 \leq \varkappa \leq m$ ist, ist diese Abbildung injektiv.

Sei nun x ein beliebiges Element von $\eta_N^{N''}\big(\mathscr{D}_N(K/k)\big)$ mit $\mathsf{H}^M(x) = 0$. Dann besitzt x eine Basisdarstellung

$$x = \sum_{b \in \mathfrak{B}_N^{N''}} f_b \cdot b$$

mit $f_b \in F_N^{N''}$. Es folgt

$$0 = \mathsf{H}^M(x) = \sum_{b \in \mathfrak{B}_N^{N''}} \mathsf{H}^M(f_b) \cdot \mathsf{H}^M(b),$$

wobei die $\mathsf{H}^M(b)$ nach obigem paarweise verschiedene Elemente von $\mathfrak{B}_M$ durchlaufen und $\mathsf{H}^M(f_b) \in F_M$ ist. Wegen der linearen Unabhängigkeit von $\mathfrak{B}_M$ über F_M folgt, daß alle $\mathsf{H}^M(f_b) = 0$ sind. Da $F_N^{N''}$ durch H^M injektiv in F_M abgebildet wird, folgt weiter, daß alle $f_b = 0$ sind, also $x = 0$.   q.e.d.

(2.5.4) *Es seien* $r = \operatorname{inex}(K/k)$; $y_1, \ldots, y_m \in K$, *so daß* $\{y_1^{p^r}, \ldots, y_m^{p^r}\}$ *eine* p-*Basis von* $K^{p^r} \cdot k$ *über* k *ist. Dann ist der Unterring*

$$F_\infty = K\left[\{d_\infty^j y_\varkappa \mid 1 \leq \varkappa \leq m,\, j = 1, 2, \ldots\}\right]$$

von $\mathscr{D}_\infty(K/k)$ *Polynomring in den* $d_\infty^j y_\varkappa$ *über* K, *und* $\mathscr{D}_\infty(K/k)$ *ist ganz algebraisch über* F_∞. *Genauer: Die* p^r-*te Potenz eines jeden Elements von* $\mathscr{D}_\infty(K/k)$ *liegt in* F_∞.

Beweis. Zunächst sind alle $d_\infty^j y_\varkappa$ algebraisch unabhängig über K; denn wegen $\mathscr{D}_\infty(K/k) = \varinjlim\big(\mathscr{D}_N(K/k),\, \eta_N^M\big)$ für alle endlichen N nach (1.5.3.2) folgte aus einer algebraischen Abhängigkeit der $d_\infty^j y_\varkappa$ über K die algebraische Abhängigkeit von $\{d_N^j y_\varkappa \mid 1 \leq \varkappa \leq m,\, j \in N\}$ für ein endliches $N = \{1, \ldots, \varrho\}$ über K. Aus dem Beweis von (2.5.3) folgt aber, daß diese Menge für jedes endliche N über K algebraisch unabhängig ist. Also ist F_∞ Polynomring in den $d_\infty^j y_\varkappa$ über K. Sei nun $x \in K$ und eine natürliche Zahl j gegeben, dann betrachte das Element $d_\infty^{j \cdot p^r}(x^{p^r}) = (d_\infty^j x)^{p^r}$. x^{p^r} liegt in K^{p^r} und nach dem im Beweis von (2.5.3) festgestellten ist für jede natürliche Zahl $s \geq r$ $K^{p^r} \cdot k = K^{p^s} \cdot k\,[y_1^{p^r}, \ldots, y_m^{p^r}]$, also ist $x^{p^r} = f(y_1^{p^r}, \ldots, y_m^{p^r})$ mit einem Polynom $f(X_1, \ldots, X_m) \in K^{p^s} \cdot k\,[X_1, \ldots, X_m]$. Wähle nun s so groß, daß außerdem gilt $p^s > j \cdot p^r$. Dann ist $d_\infty^{j \cdot p^r}(K^{p^r} \cdot k) = 0$ und daher

$$(d_\infty^j x)^{p^r} = d_\infty^{j \cdot p^r}(x^{p^r}) \in K\left[\{d_\infty^\tau y_\varkappa \mid 1 \leq \varkappa \leq m,\, 1 \leq \tau \leq j\}\right].$$

Da die Elemente der Form $d_\infty^j x$, $x \in K$, $j = 1, 2, \ldots$, ganz $\mathscr{D}_\infty(K/k)$ als Ring über K erzeugen, folgt $\big(\mathscr{D}_\infty(K/k)\big)^{p^r} \subseteq F_\infty$.   q.e.d.

Aus demBeweis sieht man, daß genauer gilt:

(2.5.5) *Mit den Voraussetzungen von* (2.5.4) *ist*

$$(d_\infty^j x)^{p^r} \in K\left[\{d_\infty^\tau y_\varkappa \mid 1 \leq \varkappa \leq m,\ 1 \leq \tau \leq j\}\right].$$

(2.5.6) *Mit den Bezeichnungen von* (2.5.4) *gilt*:

$$p^r = \mathrm{Min}\left\{\mu \mid \mu\ \textit{natürliche Zahl und } \left(\mathcal{D}_\infty(K/k)\right)^\mu \subseteq F_\infty\right\}.$$

Beweis. Im Falle $r = 0$ ist $p^r = 1$ die kleinste natürliche Zahl, also ist nichts zu zeigen. Sei also $r > 0$ und $1 \leq \mu < p^r$. Wir zeigen, daß mit den Bezeichnungen aus dem Beweis von (2.5.3) gilt $(d_\infty^1 z)^\mu \notin F_\infty$. Andernfalls wäre nämlich $(d_\infty^1 z)^\mu = f(\{d_\infty^j y_\varkappa \mid 1 \leq \varkappa \leq m,\ 1 \leq j \leq \varrho'\})$ für eine gewisse natürliche Zahl ϱ' mit einem Polynom f, dessen Koeffizienten in K liegen. Also wäre wegen

$$\mathcal{D}_\infty(K/k) = \varinjlim\left(\mathcal{D}_N(K/k) \mid \eta_N^M\right)$$

für alle endlichen N, schon für ein endliches $N = \{0, 1, \ldots, \varrho\}$ $(d_N^1 z)^\mu = f(d_N^j y_\varkappa \mid 1 \leq \varkappa \leq m,\ 1 \leq j \leq \varrho\})$.

Wähle o. B. d. A. $\varrho > p^r$ und ein s mit $p^{s+1} > \varrho$.

Wegen $y_\varkappa = z_{s,\varkappa}$, $0 \leq \varkappa \leq m$, $z = z_{r-1,1}$ und $\mu < p^r$ sind nach (2.3.2.1) 1 und $(d_N^1 z)^\mu$ als verschiedene Elemente von $\mathfrak{B}_N$ linear unabhängig über F_N und $d_N^j y_\varkappa \in F_N$ für $0 \leq \varkappa \leq m$, $1 \leq j \leq \varrho$. Also läßt sich $(d_N^1 z)^\mu$ nicht als Polynom in den $d_N^j y_\varkappa$ mit Koeffizienten aus K schreiben.   q.e.d.

(2.5.7) *Es seien* $r = \mathrm{inex}(K/k)$; $y_1, \ldots, y_m \in K$. *Dann sind äquivalent*:

1) $\{y_1^{p^r}, \ldots, y_m^{p^r}\}$ *ist eine p-Basis von $K^{p^r} \cdot k$ über k.*

2) $\{d_\infty^j y_\varkappa \mid 1 \leq \varkappa \leq m,\ j = 1, 2, \ldots\}$ *ist eine maximale über K algebraisch unabhängige Teilmenge von $\mathcal{D}_\infty(K/k)$.*

Beweis. 1) $\Rightarrow$ 2): Nach (2.5.4) ist die in 2) angegebene Menge über K algebraisch unabhängig und jedes weitere Element von $\mathcal{D}_\infty(K/k)$ ist von ihr algebraisch abhängig.   q.e.d.

2) $\Rightarrow$ 1): Sei 2) erfüllt. Dann ist speziell auch $\{d_N^j y_\varkappa \mid 1 \leq \varkappa \leq m,\ j \in N\}$ mit $N = \{0, 1, \ldots, p'\}$ algebraisch unabhängig über K, da sich eine algebraische Abhängigkeit der $d_N^j y_\varkappa$ vermöge η_N sofort auf die $d_\infty^j y_\varkappa$ überträgt. Wähle nun Elemente $x_1, \ldots, x_s \in K$, so daß $\{d_N^j y_\varkappa, d_N^j x_\lambda \mid 1 \leq \varkappa \leq m,\ 1 \leq \lambda \leq s,\ j \in N\}$ algebraisch unabhängig über K und $\{y_1, \ldots, y_m, x_1, \ldots, x_s\}$ maximal mit dieser Eigenschaft ist. Dann ist nach (2.3.3.1) $\{y_1^{p^r}, \ldots, y_m^{p^r}, x_1^{p^r}, \ldots, x_s^{p^r}\}$ eine p-Basis von

$K^{p^r} \cdot k$ über k, also ist nach (2.5.4)

$$\{d^j_\infty y_\varkappa,\ d^j_\infty y_\lambda \,|\, 1 \leq \varkappa \leq m,\ 1 \leq \lambda \leq s,\ j=1, 2, \ldots\}$$

algebraisch unabhängig über K. Da nach Voraussetzung 2) $\{d^j_\infty y_\varkappa \,|\, 1 \leq \varkappa \leq m,\ j=1, 2, \ldots\}$ aber eine maximale über K algebraisch unabhängige Teilmenge von $\mathscr{D}_\infty(K/k)$ ist, folgt $s=0$, d.h. $\{y_1^{p^r}, \ldots, y_m^{p^r}\}$ ist eine p-Basis von $K^p \cdot k$ über k.   q.e.d.

(2.5.8) Aus (2.5.6) und (2.5.7) folgt eine Charakterisierung von $\text{inex}(K/k)$ in $\mathscr{D}_\infty(K/k)$ allein:

Man wähle Elemente $y_1, \ldots, y_m \in K$, so daß $\{d^j_\infty y_\varkappa \,|\, 1 \leq \varkappa \leq m, j=1, 2, \ldots\}$ eine maximale über K algebraisch unabhängige Teilmenge von $\mathscr{D}_\infty(K/k)$ ist, und es sei $r = \text{inex}(K/k)$. Dann ist $p^r = \text{Min}\{\mu \,|\, \mu$ natürliche Zahl mit $(\mathscr{D}_\infty(K/k))^\mu \subseteq K[\{d^j_\infty y_\varkappa \,|\, 1 \leq \varkappa \leq m, j=1, 2, \ldots\}]\}$.

Literatur

[1] BERGER, R.: Über verschiedene Differentenbegriffe. S.-B. Heidelberger Akad. Wiss., math.-nat. Kl. 1. Abh. 1960.

[2] — Ausdehnung von Derivationen und Schachtelung der Differente. Math. Z. 78, 97—115 (1962).

[3] —, u. E. KUNZ: Über die Struktur der Differentialmoduln von diskreten Bewertungsringen. Math. Z. 77, 314—338 (1961).

[4] BOURBAKI, N.: Éléments de Mathématique VII, livre II, chap. 3. Paris 1948.

[5] — Éléments de Mathématique XXVII, Algèbre Commutative, chap. 2. Paris 1964.

[6] CARTAN, H., et C. CHEVALLEY: Géometrie Algébrique, Séminaire Paris 1955/56, insbes. Exposé 13 und 14 von P. CARTIER.

[7] DIEUDONNÉ, J.: Sur les extensions transcendentes séparables. Summa Brasil. Math. 2, fasc. 1, 1—20 (1947).

[8] HASSE, H.: Theorie der höheren Differentiale in einem algebraischen Funktionenkörper mit vollkommenem Konstantenkörper bei beliebiger Charakteristik. J. reine angew. Math. 175, 50—54 (1936).

[9] —, und F. K. SCHMIDT: Noch eine Begründung der Theorie der höheren Differentialquotienten in einem algebraischen Funktionenkörper einer Unbestimmten, insbesondere Zusatz bei der Korrektur von F. K. SCHMIDT. J. reine angew. Math. 177, 215—237 (1937).

[10] KÄHLER, E.: Algebra und Differentialrechnung. Bericht über die Mathematikertagg. Berlin 1953.

[11] — Geometria Aritmetica. Ann. Mat. 45, 1—399 (1958).

[12] SCHMIDT, F. K.: Unveröffentlichte Arbeit, beschrieben in: G. PAULUS, Inseparabilität und Differentiation in Körpern der Charakteristik p. Staatsexamensarbeit Heidelberg 1954.

[13] ZARISKI, O., and P. SAMUEL: Commutative Algebra I. New York-London-Toronto: Princeton 1958.